夏季花卉

SUMMER FLOWERS

李春玲　张军民　刘兰英　编

中国农业大学出版社

序

为绿色奥运做奉献！

六年前的今天，北京成功获得第29届夏季奥运会的举办权。在党和政府的领导下，社会各界积极参与，努力将2008年北京夏季奥运会办成最好的一届盛会；而提高北京环境质量，创造优美的生态环境是实现这一目标的前提。

北京市海淀区植物组织培养技术实验室花卉工作者经过多年艰苦奋斗，在对植物材料的考察、收集、栽培、繁殖、分析、筛选中，做了大量细致而繁重的工作，并取得了丰硕的成果。在应用实践与资料整理双管齐下的紧迫任务中，完成了此书的编辑出版。

此书具有如下特点：

1.重视乡土花卉的应用。由于乡土植物历经长时期的当地气候条件的考验，栽植与管理过程中可以获得事半功倍之效，无需或很少喷施农药，对提高环境质量有决定性的作用。

2.开发利用与人居生活贴近的既有观赏价值又有食用、药用、芳香与饲用等功能的植物，使人们易于获得深刻、直观的感受和基本的植物学知识。

3.通过多年栽培试验，从300多个种、700多个品种中优选出具有抗北京夏季高温高湿的207个种、400多个品种，为奥运用花奠定了基础。

4.从栽培技术措施着手，积累了部分花卉花期与有效利用观赏效果的简便快捷的技术与经验，值得推荐应用。

5.采用400多幅精美图片，以最直观的形式汇报近年来部分工作成果。

6.首次对“乡土植物”范围的划分依据提出了看法，供业内人士与爱好者讨论，欢迎给予批评建议与指导。

此书的出版可作为北京市海淀区植物组织培养技术实验室花卉工作者为办好2008年北京“绿色奥运”而做出的第一份答卷，是为序。

龙雅宜

2007年7月13日

前 言

“绿色奥运”是2008年北京奥运会的三大理念之一，其核心内容就是提高北京环境质量，为奥运会创造符合良好生态要求的优美环境。因此，在景观布置和绿化美化方面要求的花卉应种类丰富、数量多、质量高，尤其要应用具有特色的市花和乡土植物，这有助于向世界宣传我国的悠久历史、民族文化、植物王国和园林之母的精髓。

由于北京夏季奥运会举办时期正处于盛夏，天气炎热、温度高、湿度大、暴雨多、气候条件差，能开花的花卉品种较少。有些花卉虽然能开花，但品质与效果很差；有些花卉虽然通过促控栽培技术措施处理可以开花，但在高温高湿和暴雨暴晒的自然条件下生长不良或死亡，同时也缺乏相应的栽培管理技术措施。

在北京市科学技术委员会、北京市农村工作委员会和海淀区政府等部门的大力支持下，北京市海淀区植物组织培养技术实验室经过几年的艰苦努力，在奥运花卉新优品种优选、繁殖和促控栽培技术、抗热性和耐阴性机理、示范展示、园林应用以及产业化等方面进行了较为系统的研究，取得了一些重要成果。

通过引种筛选、杂交育种的技术与方法，优选出了具有抗夏季高温高湿、植株形态各异、色彩丰富、观赏性好的奥运花卉207个种、400多个品种。其中，乡土花卉130个种、280多个品种（包括原产分布我国的、亲本原产我国而在国外选育的和非原产我国但引种栽培后能自然繁衍的），其他花卉（即在我国引种栽培应用中表现良好，但不能自然繁衍的）77个种、100多个品种。100多个种具有食用、药用、饲用和香用等功能。

书中重点介绍了207个花卉的种名、学名、科属、植物学特征、产地分布、习性、成株生长发育节律、繁殖栽培技术要点和应用，还选配了400多幅图片。其中，一、二年生花卉51个种、120多个品种，多年生花卉91个种、180多个品种，阴生花卉13个种、20多个品种，花灌木27个种、50多个品种，乔木8个种、10多个品种，水生花卉17个种、30多个品种。

书中首次提出了乡土花卉范围的划分依据，供业内爱好者探讨。希望通过本书的推介，使这些乡土花卉在2008年北京夏季奥运会的城市绿化美化中得到广泛应用。乡土花卉的广泛应用对于后“奥运”时期北京“生态型”、“宜居型”和“节约型”城市建设也有着重要的促进作用。

在相关研究和本书的编写过程中，得到了中国科学院植物研究所龙雅宜研究员、北京市园林学会张树林理事长、北京林业大学苏雪痕教授和北京首钢绿化研究所熊佑清教授级高工等专家的大力支持与指导，得到了北京市海淀区植物组织培养技术实验室金志勇、董黎和邵磊等同事的帮助，在此一并感谢。

由于时间仓促，水平有限，加之提出一些新的认识和观点，书中难免出现错误和不妥，恳请读者和同行朋友们提出宝贵意见。

让我们共同努力，为北京“绿色奥运”增光添彩。

李春玲　张军民　刘兰英

2007年 · 夏

目录 CONTENTS

CONTENTS

CONTENTS

第一部分

一、二年生花卉

【裂叶荆芥】*Schizonepeta tenuifolia* 又名小茴香

科属：唇形科裂叶荆芥属。

植物学特征：一年生草本；株高50～100 cm，茎直立，被灰白色疏短柔毛；叶指状3裂，偶有多裂，两面被短柔毛，下面有腺点，叶柄短；轮伞花序，多花，组成顶生5～15 cm间断的假穗状花序，花青紫色；坚果。

产地分布：原产我国，分布于东北、华北、西北和西南等地区。

习性：适应性强，耐热，耐寒，喜阳，耐高温高湿，耐干旱，耐修剪，自播繁衍能力强，生长快，对土壤要求不严。

成株生长发育节律：北京地区自播种子在4月下旬萌动出苗，花期6～8月份，种子成熟期7～9月份。

繁殖栽培技术要点：春季播种或种子自播，一次或多次修剪，在生长期适宜浇水施肥。

应用：花坛、花境、地被、切花、食用和药用。

【黄蜀葵】*Abelmoschus manihot* 又名黄花葵

科属：锦葵科秋葵属。

植物学特征：一、二年生草本；株高100～150 cm，茎直立，少分枝，疏生毛；叶大，具长柄，掌状5～9深裂，裂片线状长圆形，锯齿粗钝；花单生于枝端叶腋，花大，花径8～12 cm，花黄色；蒴果。

产地分布：原产我国，主要分布于广东、海南、云南等地；近几年引种栽培。

习性：耐热性强，喜阳又稍耐阴，耐湿，忌干旱，较耐寒，在肥沃沙质壤土中生长繁茂，种子有自播繁衍能力。

成株生长发育节律：冬春季播种，花期6～9月份，种子成熟期9～10月份，绿期4月上旬至11月份。

繁殖栽培技术要点：春季播种或种子自播，在生长期适宜浇水施肥。

应用：花境、丛植、地被、切花、盆花和药用。

【翠菊】*Callistephus chinensis* 又名蓝菊、江西腊、七月菊

科属：菊科翠菊属。

植物学特征：一年生草本；茎直立，株高30～70cm，多分枝；叶互生，卵形或长卵形，叶缘具锯齿，枝叶疏生柔毛；头状花序，顶生，有单瓣、半重瓣和重瓣，花色有红、黄、蓝、紫或白色；瘦果。

产地分布：分布于我国东北、华北及西南，朝鲜和日本也有分布；栽培历史悠久，人工培育品种繁多。

习性：耐热，喜阳，耐高温高湿，不耐寒，耐修剪，种子有自播繁衍能力，宜疏松、肥沃、排水良好的土壤条件。

成株生长发育节律：在北京地区春播夏季开花，夏播秋季开花；夏秋季种子成熟；修剪到现蕾开花30～40天。

繁殖栽培技术要点：春播，根据植株长势进行水肥调控，促进花期在夏季盛开。

应用：花坛、花境、切花和盆花。

【夏堇】*Torenia fournieri* 又名蓝猪耳、蝴蝶草

科属：玄参科蓝猪耳属。

植物学特征：一年生草本，株高20～40cm，茎四方形，多分枝，茎叶疏、被硬毛；叶长卵形，边缘具锯齿，基部圆钝；总状花序，顶生，花淡蓝、紫红或白色；蒴果。

产地分布：原产我国云南及越南；现栽培品种为人工培育。

习性：耐热，喜阳，耐高温高湿，较耐旱，怕积水，不耐寒，耐修剪，宜疏松、肥沃、排水良好的土壤条件。

成株生长发育节律：在北京地区早春播种，夏秋季开花，不能自然结实；修剪到现蕾开花40天左右。

繁殖栽培技术要点：早春播种，一次或多次修剪，在栽培中保持土壤湿润。

应用：花坛、花境和盆花。

【尾穗苋】 *Amaranthus caudatus* **又名老枪谷、仙人谷**

科属： 苋科苋属。

植物学特征： 一年生草本；株高80～120 cm，茎粗壮，直立，具棱角，多分枝；单叶互生，卵形或菱状披针形，顶端具小芒尖，全缘或波状，有长柄；穗状花序长粗，顶生，直立或下垂成尾状，紫红色；胞果。

产地分布： 原产热带，在我国热带地区有野生分布；常有栽培。

习性： 适应性强，耐热，喜阳，耐高温高湿，耐旱，耐瘠薄土壤或盐碱，自播繁衍能力强，花期长。

成株生长发育节律： 北京地区自播种子4月下旬萌动，花期8～10月份，果期9～10月份。

繁殖栽培技术要点： 春季播种或种子自播，一次或多次修剪，栽培管理简易。

应用： 花坛、花境、丛植、地被、切花和食用。

【紫苏】 *Perilla frutescens var. crispa*

科属： 唇形科紫苏属。

植物学特征： 一年生草本；株高50～200 cm，多分枝，被长柔毛；叶宽卵形或圆卵形，长7～15 cm，上面被疏柔毛，下面脉上被贴生柔毛，叶紫色，面皱，有味；叶柄长3～7 cm，密被长柔毛；轮伞花序2花，组成顶生和腋生，偏向一侧，密被长柔毛的假总状花序，花紫红色、粉红色或白色；坚果。

产地分布： 原产我国喜马拉雅，印度和缅甸等地也有分布。

习性： 适应性强，耐热，耐高温高湿，耐干旱，喜阳，也稍耐阴，耐修剪，生长快，自播繁衍能力极强，对土壤要求不严。

成株生长发育节律： 北京地区自播种子在4月下旬萌动，观叶至11月下旬；人工播种在春季，4月下旬栽培应用，观叶至11月下旬；秋季开花，种子成熟。

繁殖栽培技术要点： 春季播种或种子自播，一次或多次修剪，栽培管理简易。

应用： 花坛、花境、丛植、地被、食用和药用。

【毛蕊花】*Verbascum thapsus*

科属：玄参科毛蕊花属。

植物学特征：二年生草本；株高100 cm左右，全株被密而厚的浅灰黄色星状毛；基生叶和下部茎生叶倒披针状长圆形，基部渐狭成短柄，长8～15 cm，宽3～6 cm，边缘具浅圆齿，上部茎生叶逐渐缩小为长圆形至卵状长圆形，基部下延成狭翅，叶银灰色；穗状花序圆柱状，长达30 cm，花密集，数朵簇生在一起，花黄色；蒴果。

产地分布：原产我国，分布西南及新疆地区，北半球也有分布；近几年引种栽培。

习性：耐热，喜阳，耐旱，有自播繁衍能力，对土壤要求不严。

成株生长发育节律：北京地区4月上旬萌动，花期4～5月份，果期5～6月份，绿期4月上旬至11月份。

繁殖栽培技术要点：春季播种或种子自播，栽培管理简易。

应用：花境、丛植、地被、药用和芳香。

【千日红】*Gomphrena globosa* 又名火球花、杨梅花、千年红

科属：苋科千日红属。

植物学特征：一年生草本，株高30～60 cm，茎直立，多分枝，有灰色长毛；叶纸质，对生，长椭圆形或矩圆状倒卵形，两面皆有白色长柔毛；头状花序，圆球形，顶生，单生或2～3个花序集生于枝端，每个球状花由数十至上百朵小花组成，花玫红、紫红、淡红等色；胞果。

产地分布：原产热带地区，在我国热带地区也有野生分布；广为栽培。

习性：适应性强，耐热，喜阳，耐高温高湿，耐旱和贫瘠土壤，不耐寒，耐修剪，对肥水条件要求中等。

成株生长发育节律：北京地区春季播种，初夏开花至11月下旬，7月中旬后种子陆续成熟；修剪到现蕾开花25～35天。

繁殖栽培技术要点：春播，一次或多次修剪，栽培管理简易。

应用：花坛、花境、切花、盆花和药用。

【水蓼】*Polygonum hydropiper*

科属：蓼科蓼属。

植物学特征：一年生草本；株高60～100 cm，单一或基部分枝，基部节上生根，节部有时膨大；叶披针形，先端渐尖，基部楔形，两面具黑褐色腺点；托叶鞘圆筒形，边缘具缘毛；花序穗状，顶生或腋生，花淡绿色或粉红色；瘦果。

产地分布：原产我国，分布于东北、华北、华南、西南等地；近几年引种栽培。

习性：适应性强，耐寒，耐热，耐旱，喜阳，生长快，自繁能力强，耐瘠薄又喜肥，对土壤要求不严。

成株生长发育节律：在北京地区4月份种子自播萌动，花期7～9月份，种子成熟期8～10月份，绿期4～11月份。

繁殖栽培技术要点：春季播种或种子自播，栽培管理简易。

应用：花境、丛植、地被、湿地和食用。

【毛曼陀罗】*Datula innoxia*

科属：茄科曼陀罗属。

植物学特征：一年生草本；株高100～150 cm，密被腺毛和短柔毛；叶互生，宽卵形，先端渐尖，基部呈楔形或不对称近圆形，边缘有不规则的疏齿，有柄；花单生枝叉处和叶腋，花萼圆筒状，花冠漏斗状，长15～20 cm，直径约8 cm，下半部带绿色，上部白色，花开放后成喇叭状，边缘具10尖头；蒴果。

产地分布：原产我国，分布遍及全国各地，也分布于欧亚及美洲；近几年引种栽培。

习性：适应性强，耐寒，耐热，耐旱，喜阳，生长快，自播繁衍能力强，耐瘠薄又喜肥，对土壤要求不严。

成株生长发育节律：4月份种子自播萌动，花期6～10月份，种子成熟期10～11月份，绿期4～11月份。

繁殖栽培技术要点：春季播种或种子自播，栽培管理简易。

应用：花境、丛植、地被和药用。

【红蓼】*Polygonum orientale* 又名狗尾巴花

科属：蓼科蓼属。

植物学特征：一年生草本；株高150～200cm，茎粗壮，平卧或直立，上部多分枝；叶大，窄椭圆形或长椭圆形，先端渐尖，基部楔形，全缘，两面有毛；圆锥花序，顶生或腋生，每苞内可出多朵花，开花时花穗下垂，花红、白色；瘦果。

有变种**白蓼** (*P.album*)。

产地分布：原产我国，分布于东北、华北、华南、西南等地；近几年引种栽培。

习性：适应性强，耐寒，耐热，耐旱，喜阳，生长快，自繁能力强，耐瘠薄又喜肥，对土壤要求不严。

成株生长发育节律：在北京地区4月份种子自播萌动，花期8～10月份，种子成熟期10～11月份，绿期4～11月份。

繁殖栽培技术要点：春季播种或种子自播，栽培管理简易。

应用：花境、丛植、地被、切花和食用。

白蓼

【月见草】*Oenothera biennis*

科属：柳叶菜科月见草属。

植物学特征：一、二年生草本；株高60～100 cm，茎绿色，分枝开展，全株具毛；基生叶狭倒披针形，茎生叶卵圆形，边缘有不整齐疏齿；花单生叶腋，黄、粉或白色；蒴果。

产地分布：原产于北美洲；在我国栽培有半个多世纪。

习性：喜阳，耐旱，忌炎热，不耐寒，适宜富含腐殖质、肥沃的土壤。

成株生长发育节律：北京地区自播种子4月上旬萌动，花期6～9月份，果期9～10月份，绿期4月上旬至10月份。

繁殖栽培技术要点：春季播种，一次或多次修剪，在生长期适宜浇水施肥。

应用：花坛、花境和药用。

【波斯菊】*Cosmos bipinnatus* **又名秋英、大波斯菊、扫帚梅**

科属：菊科秋英属(波斯菊属)。

植物学特征：一年生草本；株高60～100 cm；叶对生，2回羽状分裂，裂片稀疏线形，全缘；头状花序，顶生或腋生，花舌状，直径5～8 cm，有紫、粉、白等色；瘦果。

产地分布：原产墨西哥；在我国栽培有半个多世纪。

习性：适应性强，耐热，喜阳，耐干旱瘠薄，较耐寒，不耐阴，耐修剪，花期长，有自播繁衍能力，对土壤要求不严。

成株生长发育节律：在北京地区4月份种子自播萌动，花期7～10月份，种子成熟期10～11月份，绿期4～11月份。

繁殖栽培技术要点：春末或自播播种，一次或多次修剪，栽培管理简易。

应用：花境和地被。

【半支莲】*Portulaca grandiflora* 又名死不了、大花马齿苋

科属：马齿苋科马齿苋属。

植物学特征：一年生肉质草本；株高10～25cm，茎匍生或斜生，具毛；叶互生或散生，圆柱形，先端急尖，在花下常具显著叶状的总苞，叶上具束生长毛；花两性，单生或簇生于枝的顶端，花瓣有单瓣、半重瓣、重瓣，花径2.5～3.5cm，红、黄、粉、白等色；蒴果。

产地分布：原产南美巴西；在我国栽培有半个多世纪。

习性：适应性强，耐热，喜阳，极耐干旱瘠薄，不耐寒，不耐阴，耐修剪，花期长，自播繁衍能力强，对土壤要求不严。

成株生长发育节律：在北京地区5月份播种或种子自播萌动，花期6～10月份，种子成熟期9～11月份，绿期5～10月份。

繁殖栽培技术要点：春末播种或自播，一次或多次修剪，栽培管理简易。

应用：花坛、花境、地被和药用。

【五星花】*Pentas lanceolata* 又名繁星花

科属：茜草科五星花属。

植物学特征：常绿草本或亚灌木，常作一、二年生栽培；株高100～150 cm；叶互生，卵形至卵状披针形，长约8 cm，有毛；顶生伞房花序，花径10 cm，花冠筒长2～4 cm，花有红、粉、紫、白等色；蒴果。

产地分布：原产热带东非至阿拉伯一带；在我国引种栽培多年。

习性：喜温暖，喜阳光，不耐寒，喜疏松、肥沃、排水良好的土壤。

成株生长发育节律：在北京地区4月下旬栽植花坛，花期6～10月份。

繁殖栽培技术要点：春季播种或秋季扦插，在生长期适宜浇水施肥。

应用：花坛、丛植、花境、切花和盆花。

【风铃草】*Campanula medium* 又名钟花、瓦筒花

科属：桔梗科风铃草属。

植物学特征：一、二年生草本；株高约100 cm，茎常簇生，全株具毛；莲座叶卵形至倒卵形，叶缘圆齿状波形，粗糙，叶柄具翅；总状花序，小花1或2朵共生，花冠钟状，花白、蓝、紫等色；蒴果。

产地分布：原产南欧；常见栽培。

习性：较耐寒，耐热，宜排水良好、肥沃、疏松的土壤条件。

成株生长发育节律：在北京地区秋季或早春在温室播种，花期6～8月份，种子成熟期8～9月份，绿期4～10月份。

繁殖栽培技术要点：春季播种，在生长期适宜浇水施肥。

应用：花坛、花境、切花和药用。

【红果蓖麻】*Ricinus communis*

科属：大戟科蓖麻属。
植物学特征：一年生草本；株高150～250 cm，茎直立，分枝，中空，枝杆红色；叶互生，盾形，直径20～60 cm，掌状5～11裂，裂片卵形或窄卵形，缘具齿，无毛，叶柄长，叶脉红色；聚伞圆锥花序，长约20 cm，顶生或与叶对生，花黄色；蒴果，红色。
产地分布：原产非洲；常有栽培。
习性：适应性极强，耐热，耐旱，喜阳，不耐寒，耐瘠薄又喜肥，对土壤要求不严，生长快，观果期长。
成株生长发育节律：在北京地区播种或种子自播4月份出苗，花期6～8月份，果实成熟期7～10月份，绿期4～10月份。
繁殖栽培技术要点：春季播种，在生长期适宜浇水施肥。
应用：丛植、花境和食用。

【四季秋海棠】*Begonia semperflorens*

科属：秋海棠科秋海棠属。

植物学特征：多年生草本，常作一年生栽培；茎直立，株高15～25cm，多分枝，肉质，秃净光滑；叶互生，有光泽，卵形，边缘有锯齿，绿色或带淡红色；花腋生，数朵成簇，有红、粉、白等色；蒴果。

产地分布：原产南美巴西；在我国栽培有半个多世纪；人工培育品种繁多。

习性：喜温暖、湿润和半阴环境，耐热，较耐寒，怕干燥和积水，耐修剪，宜疏松、肥沃、排水良好的土壤条件。

成株生长发育节律：在北京地区4月中旬种植花坛和花境等绿地，降霜前开花陆续不断；夏季遭积水会出现植株死亡现象；盆栽在温室内四季常绿，周年开花。

繁殖栽培技术要点：早春播种，适当修剪，在雨季排水防涝。

应用：花坛、花境和盆花。

【非洲凤仙】*Impaties walleriana*（*Super Elfin*）又名何氏凤仙花、苏氏凤仙花、玻璃翠

科属：凤仙花科凤仙花属。

植物学特征：多年生草本，常作一年生栽培；株高20～40 cm，茎枝肉质多汁；叶互生，卵形，叶缘有锯齿；花腋生，通常有1～3朵，花径4～5 cm，花色丰富，有红、粉、桃红、橙红、紫红、白等色和复色；蒴果。

产地分布：原产于非洲东部；在我国栽培有20多年；人工培育品种繁多。

习性：喜温暖、湿润和半阴环境，耐热较强，不耐寒，怕水渍，不耐旱，耐修剪，宜疏松、肥沃、排水良好的土壤条件，在高温高湿条件下生长欠佳。

成株生长发育节律：在北京地区4月中旬种植花坛和花境等绿地，至降霜前开花陆续不断；夏季绿地积水，会出现植株死亡现象；盆栽在温室内四季常绿，周年开花；种子不能自然结实；修剪到现蕾开花25～35天。

繁殖栽培技术要点：早春播种，适当修剪，在雨季排水防涝。

应用：花坛、花境（半林荫下）和盆花。

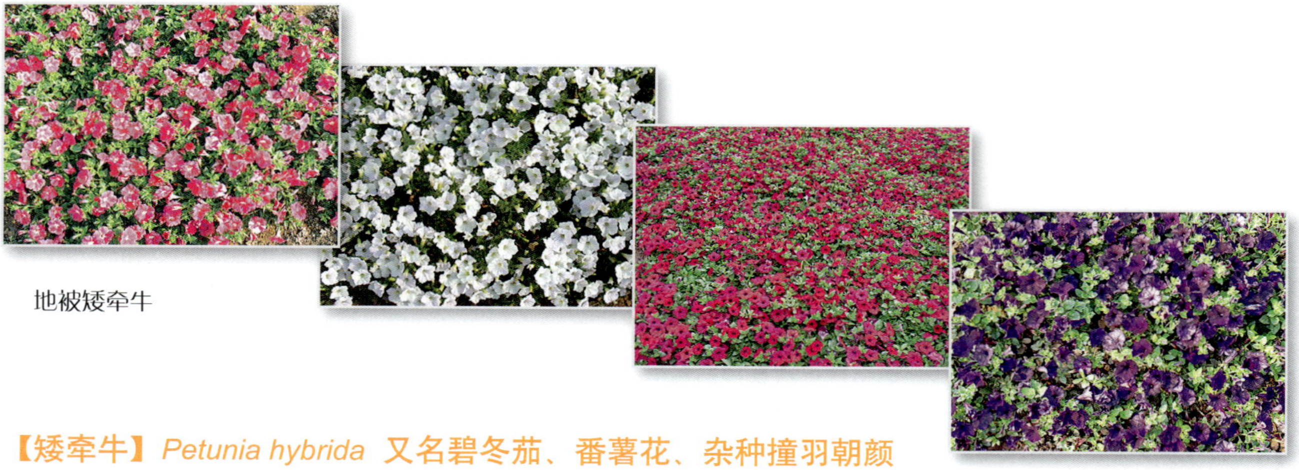

地被矮牵牛

【矮牵牛】*Petunia hybrida* 又名碧冬茄、番薯花、杂种撞羽朝颜

科属：茄科碧冬茄属。

植物学特征：一年生或多年生草本，常作一年生栽培；株高10～20cm，多分枝，呈匍匐状蔓生，覆盖面大；叶互生，卵状，全缘，无柄；花单生叶腋及顶生，花瓣漏斗状，花瓣边呈皱波状，花有红、粉、蓝、白等色；蒴果。

产地分布：为原产于南美的腋花矮牵牛(*Petunia axillaries*)和紫花矮牵牛(*Petunia violacea*)的多代杂交的后裔；在我国栽培有30多年；人工培育品种繁多，地被矮牵牛是从其中选育出来的。

习性：性喜温暖，阳光充足，不耐寒，忌积水，耐修剪，生长快，宜疏松、肥沃、排水良好的土壤条件，在高温高湿条件下生长欠佳(地被矮牵牛比矮牵牛的抗热性强）。

成株生长发育节律：在北京地区春播夏秋季开花；种子结实率低；修剪到现蕾开花20～30天。

繁殖栽培技术要点：早春播种或组培苗，一次或多次修剪，在雨季排水防涝。

应用：花坛、花境和垂吊。

垂吊矮牵牛

矮牵牛

【百日草】*Zinnia elegans*（*Dreamland hybrida* 梦境，矮生重瓣）

科属：菊科百日草属。

植物学特征：一年生草本，株高20～30 cm，茎直立，茎被粗毛；叶对生，卵圆形至椭圆形，基部抱茎，全缘；头状花序，顶生，花大，重瓣，舌状多轮，花瓣呈倒卵形，花红、黄、粉等多色；瘦果。

产地分布：原产美洲墨西哥等地；在我国栽培有半个多世纪；人工培育品种繁多。

习性：适应性强，耐热，喜阳，较耐旱，不耐寒，耐修剪，宜疏松、肥沃、排水良好的土壤条件。

成株生长发育节律：在北京地区春夏播种，夏秋季开花，不能自然结实；修剪到现蕾开花25天左右。

繁殖栽培技术要点：春末播种，一次或多次修剪，在生长期适宜浇水施肥。

应用：花坛、花境和盆花。

【万寿菊】*Tagetes erecta* 又名蜂窝菊、臭菊

科属：菊科万寿菊属。

植物学特征：一年生草本；株高30～60 cm，茎直立，粗壮；叶对生或互生，羽状全裂，裂片披针形长矩圆形，边缘有锯齿，叶缘背面具油腺点，有强臭味；头状花序，单生，花朵由金黄色的舌状花重叠组成，花黄色或橘黄色等；瘦果。

产地分布：原产墨西哥和中美洲一带；在我国栽培有半个多世纪；人工培育品种繁多。

习性：耐热，喜阳，较耐干旱，也能耐早霜和稍阴环境，在高温高湿条件下生长不良，耐修剪，对土壤要求不严。

成株生长发育节律：在北京地区春季播种，花期初夏季至11月下旬；栽培品种不能自然结实；修剪到现蕾开花30～40天。

繁殖栽培技术要点：春末播种，一次或多次修剪，在雨季注意排水防涝。

应用：花坛、花境、盆花和药用。

【孔雀草】*Tagetes patula*，又名红黄草、臭芙蓉

科属：菊科万寿菊属。

植物学特征：一年生草本；株高20～50 cm，茎直立，多分枝；羽状裂叶对生或互生，叶缘具锯齿；头状花序，顶生，舌状花黄色，或基部红褐色，边缘具有一条金黄色的镶边，色彩对比明显，重瓣；瘦果。

产地分布：原产中美洲一带；在我国栽培有半个多世纪；人工培育品种繁多。

习性：耐热，喜阳，较耐干旱，也能耐早霜和稍阴环境，耐修剪，对土壤要求不严。

成株生长发育节律：在北京地区自播种子5月上旬萌动，花期6月中旬至11月下旬；春季人工播种，花期初夏至11月下旬；8月上旬后种子陆续成熟；修剪到现蕾开花30～40天。

繁殖栽培技术要点：春末播种或种子自播，一次或多次修剪，在雨季注意排水防涝。

应用：花坛、花境、盆花和药用。

【美女樱】 *Verbena hybrida* **又名美人樱、铺地马鞭草**

科属： 马鞭草科马鞭草属。

植物学特征： 多年生草本，常作一年生栽培；株高20～40 cm，呈匍匐生长，有蔓生而横走的茎枝，全株被灰色柔毛；叶对生，长卵形或卵圆形，基部有锯齿；伞房花序由许多密生的长筒状小花组成，花冠漏斗状，有红、紫、白、蓝或复色等花色，略具芬芳；蒴果。

产地分布： 原产巴西、秘鲁和乌拉圭等美洲热带地区；在我国栽培有40多年；人工培育品种繁多。

习性： 喜阳，喜温暖、湿润，耐热较强，不耐寒，忌涝，耐修剪，宜疏松、肥沃、排水良好的土壤条件，在高温高湿条件下生长欠佳。

成株生长发育节律： 在北京地区4月中旬种植花坛和花境等绿地，至霜降前开花不断；种子结实率低；修剪到现蕾开花30～35天。

繁殖栽培技术要点： 春季播种，一次或多次修剪，在生长期适宜浇水施肥。

应用： 花坛、花境和盆花。

【鸡冠花】 *Celosia critata* **又名鸡冠**

科属： 苋科青葙属。

植物学特征： 一年生草本；株高40～80 cm，茎直立，粗壮，全株无毛。叶卵形、卵状披针形或披针形，全缘；花序顶生，呈鸡冠状，花有红、玫红、紫红、黄等色；胞果。

产地分布： 原产印度，分布在世界泛热带；在我国栽培有半个多世纪；人工培育品种繁多。

习性： 耐热性较强，喜干热气候、阳光充足，喜疏松、肥沃、排水良好的土壤，在高温高湿条件下生长欠佳。

成株生长发育节律： 在北京地区春夏季播种，夏秋季开花；秋季种子成熟。

繁殖栽培技术要点： 春末播种，在雨季注意排水防涝。

应用： 花坛和盆花。

【桂圆菊】*Spilanthes oleracea* 又名千里眼

科属：菊科金纽扣属。

植物学特征：一年生草本；株高30～40cm，多分枝；叶对生，广卵形，边缘有锯齿，叶色暗绿；头状花序，开花前期呈圆球形，后期伸长呈长圆形，花色黄褐，无舌状花，筒状花两性；瘦果。

产地分布：原产亚洲热带地区；近几年引种栽培。

习性：耐炎热，喜阳光，忌干旱，不耐寒，耐修剪，宜疏松、肥沃、排水良好的土壤条件。

成株生长发育节律：在北京地区春季播种，夏秋季开花；秋季种子成熟；修剪到现蕾开花30～40天。

繁殖栽培技术要点：春季播种，一次或多次修剪，在生长期适宜浇水施肥。

应用：花坛、花境和盆花。

【醉蝶花】*Cleome spinosa* 又名西洋白花菜、紫龙须、蜘蛛花、凤蝶草

科属：白花菜科醉蝶花属。

植物学特征：一、二年生草本；株高80～120cm，有黏质腺毛和强烈气味；掌状复叶，小叶5～7枚，矩圆状披针形，先端急尖，基部楔形，全缘，两面及叶柄有腺毛；总状花序，顶生，花玫瑰紫色、白色或粉色；蒴果。

产地分布：原产南美；在我国栽培近半个世纪。

习性：适应性强，耐热，喜阳光，耐干旱，也稍耐半阴，不耐寒，耐修剪，宜疏松、肥沃、排水良好的土壤条件，是一种极好的蜜源植物。

成株生长发育节律：在北京地区冬春播种，春夏秋季开花；夏秋季种子成熟；修剪到现蕾开花35～50天。

繁殖栽培技术要点：春季播种或种子自播，一次或多次修剪，忌大水大肥。

应用：花境、地被、切花和盆花。

【矢车菊】*Centaurea cyanus*

科属：菊科矢车菊属。

植物学特征：一年生草本；株高30～70 cm，幼时被白色绵毛，茎直立，多分枝；基生叶长椭圆状披针形，羽状深裂，有柄；中部叶或上部叶线形，长8～15 cm，全缘或有疏锯齿；头状花序，单生于枝顶，总苞钟状，花蓝、紫、红、白等色；瘦果。

产地分布：原产于欧洲南部；常见栽培。

习性：喜阳，耐旱，忌炎热，宜富含腐殖质、肥沃的土壤，在高温高湿条件下生长欠佳。

成株生长发育节律：北京4月上旬播种，花期7～8月份，果期9～10月份。

繁殖栽培技术要点：春末播种，在生长期适宜浇水施肥。

应用：花境和切花。

【观赏椒】*Capsicum frutescens* 又名五色椒、樱桃椒

科属：茄科辣椒属。

植物学特征：多年生草本，常作一年生栽培；株高20～50 cm，茎半木质化，分枝多；单叶互生，卵状披针形，全缘；花小，白色，单生叶腋，或簇生枝梢顶端；浆果，直立圆锥形或球形，有红、黄、白、紫等色。

产地分布：原产美洲热带；近几年引种栽培。

习性：耐热性强、喜光照充足，不耐寒，宜疏松、肥沃、排水良好的土壤条件。

成株生长发育节律：在北京地区春季播种，夏秋季开花，7月份后种子陆续成熟。

繁殖栽培技术要点：春季播种，在生长期适宜浇水施肥。

应用：花坛、花境、盆花和食用。

【长春花】*Catharanthus roseus*　又名雁来红、日日新、日日草

科属：夹竹桃科长春花属。

植物学特征：多年生草本或半灌木，常作一年生栽培；株高30～50 cm，茎直立，多分枝，全株无毛；叶对生，膜质，倒卵状矩圆形，顶端圆形；聚伞花序，顶生或腋生，花冠高脚蝶状，花有红、紫、粉和白等色；蓇葖果2个，直立。

产地分布：原产南亚和非洲东部；在我国栽培有20多年。

习性：耐热性强，喜阳光充足，不耐寒，较耐旱，忌水湿，切勿栽于低洼积水处，耐修剪，宜疏松、肥沃、排水良好的土壤条件，在高温高湿条件下生长欠佳。

成株生长发育节律：在北京地区春季播种，夏秋季开花；种子不能自然结实；修剪到现蕾开花需25～35天。

繁殖栽培技术要点：春季播种，在雨季排水防涝。

应用：花坛、花境、盆花和药用。

【堆心菊】 *Helenium autumnale*

科属： 菊科堆心菊属。

植物学特征： 多年生草本，常作一、二年生栽培；株高80～100 cm，茎直立，少分枝；叶互生，披针形至卵状披针形，边缘具锯齿；头状花序，径3～5 cm，舌状黄花，半球形；瘦果。

产地分布： 原产北美；近几年引种栽培。

习性： 适应性强，耐热，喜阳，不耐寒，耐湿，宜深厚和富含腐殖质的土壤条件。

成株生长发育节律： 3月下旬萌动返青，花期8～9月份，种子成熟期10月份，绿期3月下旬至11月份。

繁殖栽培技术要点： 春季播种，在生长期适宜浇水施肥。

应用： 花坛、丛植、花境和盆花。

【香彩雀】 *Angelonia salicariifolia*

科属： 玄参科香彩雀属。

植物学特征： 一年生草本；株高40～50 cm，直立，全体被腺毛；叶对生或上部的互生，无柄，披针形或条状披针形，具尖而向叶顶端弯曲的疏齿；伞形花序，花单生叶腋，粉色和白色；蒴果球形。

产地分布： 原产美洲；近几年引种栽培。

习性： 耐炎热，耐干旱，喜阳光，不耐寒，耐修剪，宜疏松、肥沃、排水良好的土壤条件。

成株生长发育节律： 在北京地区春季播种，夏秋季开花；种子不能自然结实；修剪到现蕾开花30～40天。

繁殖栽培技术要点： 春季播种，一次或多次修剪，在生长期适宜浇水施肥。

应用： 花坛、丛植、花境和盆花。

【黄帝菊】 *Melampodium paludosum (Million Gold)*

科属：菊科黄星花属。

植物学特征：多年生草本，常作一年生栽培；株高20～25cm，多分枝，株型紧凑；叶对生，卵圆形，基部楔形，边缘具锯齿，叶色浅绿光滑；头状花序，花小繁密，花黄色；瘦果。

产地分布：原产美国；近几年引种栽培。

习性：耐热性强，耐高温高湿，不耐寒，耐修剪，分枝多，花期长，喜疏松、肥沃、排水良好的土壤。

成株生长发育节律：在北京地区春季播种，花期6～10月份，种子不能自然结实；修剪到现蕾开花30天左右。

繁殖栽培技术要点：春季播种，一次或多次修剪，在生长期适宜浇水施肥。

应用：花坛、花境和盆花。

【矮生重瓣天人菊】*Gaillardia grandiflora*

科属：菊科天人菊属。

植物学特征：一、二年生草本；株高30～50cm，多分枝，全株密被长毛；叶互生，长圆形、披针形至匙形，全缘或基部叶成琴状羽裂，近无柄；头状花序，顶生，花茎杆长20～40cm，花重瓣，深红色；瘦果。

产地分布：原产北美；近几年引种栽培。

习性：适应性强，耐热性强，耐寒，喜阳又稍耐阴，耐湿，耐修剪，耐干旱及瘠薄土壤。

成株生长发育节律：秋季或早春播种，花期5～11月份，种子成熟期7～11月份，绿期3月下旬至12月份；修剪到现蕾开花30～40天。

繁殖栽培技术要点：秋播，一次或多次修剪，在生长期适宜浇水施肥。

应用：花坛、花境和盆花。

【观赏谷子】*Setaria italica hybrida*

科属：禾本科狗尾草属。

植物学特征：一年生草本；秆高100～200 cm，茎直立，粗壮，秆有显著而且实心的节与通常中空的节间；叶互生，由包于秆上的叶鞘和通常狭长的叶片组成，叶鞘与叶片间常有呈膜质或纤毛状的叶舌，条状披针形，上面粗糙；柱状圆锥花序，长20～40 cm，小穗簇生于缩短的分枝上，基部有刚毛状小枝1～3条，成熟时自颖与第一外稃分离而脱落；颖果；叶、秆、穗均为紫色。

产地分布：广布世界各地；近几年引种栽培。

习性：适应性强，耐热性强，喜阳，耐高温高湿，不耐寒，喜疏松、肥沃、排水良好的土壤。

成株生长发育节律：北京地区冬春播种，4月下旬至10月下旬观赏；夏季开花，秋季种子成熟。

繁殖栽培技术要点：春季播种，在生长期适宜浇水施肥。

应用：花坛、丛植、花境、盆花和食用。

【大丽花】*Dahlia pinnata*

科属：菊科大丽花属。

植物学特征：多年生草本；有纺锤形块根，株高60～150cm，茎直立，粗壮；叶对生，1～3回羽状全裂，上部叶有时不分裂，裂片卵形或长圆状卵形，下面叶绿色，两面无毛，叶柄基部扩展，几近相连；头状花序大，水平开展或有时下垂，有长花梗，有单瓣、重瓣等类型，花红、紫、粉、黄、白等色；瘦果。

产地分布：原产于墨西哥；栽培品种广布世界各地。

习性：较耐寒，喜阳，怕积水、酷热，喜富含腐殖质、肥沃的土壤，在高温高湿条件下生长欠佳。

成株生长发育节律：北京4月上旬播种，花期6～10月份，果期9～11月份。

繁殖栽培技术要点：春末播种，在生长期注意排水防涝。

应用：花坛、花境和盆花。

【一串红】*Salvia splendens (Vista)* 又名西洋红

科属：唇形科鼠尾草属。

植物学特征：多年生草本，常作一年生栽培，茎直立，株高30～50cm，茎四棱形；叶对生，卵形，边缘有锯齿；轮伞花序，多花密集，花萼管状钟形，花红色；坚果。

产地分布：原产南美巴西；在我国栽培有70～80年的历史；人工培育品种繁多。

习性：喜温暖、阳光充足，耐热性较强，不耐寒，耐修剪，宜疏松、肥沃、排水良好的土壤条件，在高温高湿条件下生长欠佳。

成株生长发育节律：在北京地区春播夏秋季开花，夏秋季种子成熟；修剪到现蕾开花20～30天。

繁殖栽培技术要点：春播，一次或多次修剪，在雨季注意排水防涝。

应用：花坛、花境和盆花。

【矮生向日葵】*Helianthus annuus*

科属：菊科向日葵属。

植物学特征：一年生草本；株高50～90cm，茎直立，粗壮，被粗硬刚毛；叶互生，宽卵形，长达30 cm或更长，边缘具粗锯齿，两面被糙毛，有长叶柄；头状花序，顶生，金黄色，不结实；瘦果。

产地分布：原产北美；近几年引种栽培。

习性：耐热性强，喜阳，不耐阴，怕水湿，不耐寒，宜疏松、肥沃、排水良好的土壤条件，在高温高湿条件下生长欠佳。

成株生长发育节律：在北京地区春夏播种，夏秋季开花，种子不能自然结实。

繁殖栽培技术要点：春末播种，在雨季排水防涝。

应用：花坛、丛植、花境和盆花。

【彩叶草】*Coleus blumei*　又名老来少、洋紫苏、锦紫苏

科属： 唇形科鞘蕊花属（彩叶草属）。

植物学特征： 多年生草本，常作一、二年生栽培；株高20～40 cm，幼时茎直立生长，老株呈拱形下弯，四棱形，基部半木质化；叶形因品种不同变化多端，对生、卵形或圆形，有的外缘还长出一轮圆形小叶，是由钝锯齿变态而成，叶质较厚，上具绒质，有黄、红、紫、绿、蓝和复色等；穗状轮伞花序，枝顶抽生而出；坚果。

产地分布： 原产印度尼西亚；在我国栽培有半个多世纪，人工培育品种繁多。

习性： 耐热，喜阳，也稍耐阴，耐修剪，不耐寒，对土壤和肥水要求不严。

成株生长发育节律： 在北京地区冬春季播种，春、夏、秋季观叶；不能自然结实。

繁殖栽培技术要点： 春季播种，一次或多次修剪，在生长期适宜浇水施肥。

应用： 花坛、花境和盆花。

【银叶菊】 *Senecio cineraria* **又名雪叶菊**

科属：菊科千里光属。

植物学特征：多年生草本，常作一、二年生栽培；株高15～30cm，茎直立，多分枝，枝条披散丛生；叶互生，羽状深裂或浅裂，全身密被白色绒毛，质厚；头状花序，由淡黄色的管状花组成，外被白色的绒毛，常隐于叶丛之中，不显著。

产地分布：原产地中海沿岸地区；在我国栽培有20多年。

习性：喜温暖、阳光，较耐旱，怕水湿，不耐寒，耐修剪，在雨季生长欠佳。

成株生长发育节律：在北京地区冬春季播种，春、夏、秋季观叶；自然不能结实。

繁殖栽培技术要点：春季播种，一次或多次修剪，在雨季排水防涝。

应用：花坛、花境和盆花。

【霍香蓟】 *Ageratum houstonianum* **又名胜红蓟、咸虾花**

科属：菊科霍香蓟属。

植物学特征：多年生草本，常作一年生栽培；株高25～40cm，植株丛生而紧密，多分枝，茎稍带紫色，被白色多节长柔毛；叶卵形或菱状卵形，两面被稀疏的白色长柔毛，边缘有钝圆锯齿；头状花序，聚伞状着生枝顶，花淡蓝、浅紫、粉红和白色；瘦果。

产地分布：原产墨西哥；在我国栽培有半个世纪。

习性：适应性强，耐热性强，喜阳光，也稍耐半阴，较耐旱，较耐寒，耐修剪，宜疏松、肥沃、排水良好的土壤条件。

成株生长发育节律：在北京地区冬春季播种，春夏秋季开花，6月份后种子陆续成熟；修剪到现蕾开花需25～35天。

繁殖栽培技术要点：春季播种，一次或多次修剪，在生长期适宜浇水施肥。

应用：花坛、花境、盆花和药用。

【鼠尾草】*Salvia japonica*

科属：唇形科鼠尾草属。

植物学特征：一年生草本；株高40～60 cm；茎下部叶为2回羽状复叶，茎上部叶为1回羽状复叶，具短柄，顶生小叶披针形或菱形，侧生小叶卵状披针形，基部偏斜；轮伞花序2～6朵花，组成顶生假总状或圆锥花序，花红、紫、蓝和白色；坚果。

产地分布：原产我国，分布华东、中南、华南等地区。

习性：较耐寒，耐修剪，喜半阴、湿润和排水良好的土壤，在高温高湿条件下生长欠佳。

成株生长发育节律：北京地区4月下旬种植，花期5～9月份，果期7～10月份，绿期4～10月份。

繁殖栽培技术要点：春季播种，在生长期注意浇水施肥。

应用：花坛、花境、地被和盆花。

【兰花鼠尾草】*Salvia farinacea*

科属：唇形科鼠尾草属。

植物学特征：多年生草本，常作一年生栽培；株高30～60 cm，多分枝；叶卵状，边缘有锯齿，两面被毛；轮伞花序，顶生，多花密集，花萼管状钟形，花蓝色；坚果。

产地分布：原产北美；在我国引种栽培近40年。

习性：适应性强，耐热，喜阳，耐高温高湿，耐旱，不耐阴，较耐寒，耐修剪，对肥水条件要求中等。

成株生长发育节律：在北京地区冬春季播种，花期5～11月下旬，7月中旬后种子陆续成熟；修剪到现蕾开花30天左右。

繁殖栽培技术要点：春播，一次或多次修剪，在生长期适宜浇水施肥。

应用：花坛、花境、丛植、切花和盆花。

【薏苡】*Coix lacryma-jobi*　又名药玉米

科属： 禾本科薏苡属。

植物学特征： 一年生草本；秆直立，株高100～150 cm，约10节；叶鞘光滑，叶舌质硬，叶片线状披针形，长达30 cm，宽1.5～3 cm；总状花序，腋生成束，长6～10 cm，直立或下垂，具总梗；果实成熟时总苞坚硬具珐琅质，卵形或卵状球形，颖果。

产地分布： 广布世界各地；近几年引种栽培。

习性： 适应性强，耐热性强，喜阳，耐高温高湿，耐干旱，不耐寒，喜疏松、肥沃、排水良好的土壤。

成株生长发育节律： 北京地区冬春播种，7～10月份观果。

繁殖栽培技术要点： 春季播种，在生长期适宜浇水施肥。

应用： 花坛、丛植、花境、盆花和药用。

【茑萝】 *Quamoclit pennata* **又名羽叶茑萝**

科属： 旋花科茑萝属。

植物学特征： 一年生草质藤本，无毛；叶互生，羽状深裂，长4～7cm，裂片条形，基部常具假托叶；聚伞状花序，腋生，有花数朵，花冠高脚蝶状，先端呈五角星状，直径2～3cm，花有红、粉、白色。

同属中还有 **'裂叶茑萝'** （*Quamoclit lobata*），叶掌状深裂，裂片披针形，顶端具长锐尖。

产地分布： 原产美洲；我国各地栽培历史悠久。

习性： 适应性强，耐热，喜阳又稍耐阴，耐干旱，耐瘠薄土壤，耐寒，生长快，花期长，自生繁衍能力强，开花不受光照条件的影响。

成株生长发育节律： 北京地区自播种子4月份萌动或4月份播种，花期7～10月中旬，果期9～10月份，绿期4～11月份。

繁殖栽培技术要点： 春季自繁或春季播种，栽培管理简易。

应用： 地被和立体。

裂叶茑萝

羽叶茑萝

【旱金莲】 *Tropaeolum majus*

科属：旱金莲科旱金莲属。

植物学特征：多年生蔓生草本，常作一、二年生栽培；茎肉质中空，呈攀缘状生长；地下主根似块状；叶互生，圆形或近肾形，盾状，形似荷叶而小，边缘有波状钝角；花两性，单生于叶腋，有长梗，花黄色和橘红色；肉质分果。

产地分布：原产南美洲；在我国栽培历史悠久。

习性：不耐寒，喜温暖湿润、阳光充足的环境和排水良好而肥沃的土壤，在高温高湿条件下生长欠佳。

成株生长发育节律：自然花期2～5月份，通过促控栽培可在夏季开花。

繁殖栽培技术要点：秋春季播种，在生长期适宜浇水施肥。

应用：花坛、垂吊。

重瓣牵牛

【大花牵牛】*Pharbitis limbata*

科属：旋花科牵牛花属。

植物学特征：一年生草质藤本；全株被长柔毛；叶互生，心状宽卵形，通常3裂，先端裂片长圆形，两侧裂片常不规则；聚伞花序，1～3朵簇生于叶腋，花冠漏斗状，直径9～10cm；有紫红、粉红、复色等；蒴果。

产地分布：原产南美洲；在我国栽培有20多年。

习性：适应性强，耐热，喜阳又稍耐阴，耐瘠薄土壤，耐寒，生长快，花期长，自生繁衍能力强，开花不受光照条件的影响。

成株生长发育节律：北京地区自播种子4月份萌动或4月份播种，花期6～10月中旬，果期9～10月份，绿期4～11月份。

繁殖栽培技术要点：春季自繁或春季播种，栽培管理简易。

应用：地被、立体。

【圆叶牵牛】*Pharbitis purpurea* 又名牵牛花、喇叭花

科属：旋花科牵牛花属。

植物学特征：一年生草质藤本；植株被倒向短柔毛和稍开展的硬毛；叶互生，圆心形，全缘；花腋生、单生或数朵组成伞形聚伞花序，花冠漏斗状，直径4～5cm，花有红、紫、粉、蓝、白等色；蒴果。

同属中还有**牵牛**(*Pharbitis nil*)和**裂叶牵牛**(*Pharbitis hederacea*)等，牵牛叶宽卵形或近圆形，常3裂，稀为5裂；裂叶牵牛叶心状卵形，通常3裂，稀为5裂，中裂片基部向内陷深至中脉，被硬毛。

产地分布：原产南美洲；我国广为分布，生于田边、路旁、平地、山谷和疏林下或林缘；已引种栽培多年。

习性：适应性强，耐热，耐干旱，喜阳又稍耐阴，耐瘠薄土壤，耐寒，生长快，花期长，自生繁衍能力强，在强光条件下花朵闭合。

成株生长发育节律：北京地区自播种子4月份萌动或4月份播种，花期6～10月中旬，果期9～10月份，绿期4～11月份。

繁殖栽培技术要点：春季自繁或春季播种，栽培管理简易。

应用：地被、立体和药用。

【硫华菊】 *Cosmos sulphureus* **又名黄秋英**

科属： 菊科秋英属。

植物学特征： 一年生草本；株高30～50 cm，茎直立，被柔毛，多分枝；叶对生，2～3回羽状分裂，裂片披针形或椭圆形；总状花序，花径4～6 cm，花红、黄、橘黄等色；瘦果。

产地分布： 原产南美；常见栽培。

习性： 耐热，喜阳，耐修剪，不耐寒，适宜疏松、肥沃及湿润土壤，在高温高湿条件下生长欠佳。

成株生长发育节律： 在北京地区4月份播种，花期6～8月份，种子成熟期8～9月份。

繁殖栽培技术要点： 春季播种，在生长期适宜浇水施肥。

应用： 花境、花境和地被。

【红花烟草】 *Nicotiana x sanderae*

科属： 茄科烟草属。

植物学特征： 一年生草本；多分枝，株高60～80 cm，全株被黏性柔毛；叶对生，基生叶匙形，茎生叶矩圆形至披针形；圆锥花序，顶生，花朵疏散；花冠长筒状漏斗形，长7 cm，红色；蒴果。

产地分布： 原产南美；常见栽培。

习性： 不耐寒，性喜温暖，喜肥沃、疏松而湿润的土壤，在高温高湿条件下生长欠佳。

成株生长发育节律： 春播，夏季开花。

繁殖栽培技术要点： 春播种或自播，在生长期适宜浇水施肥。

应用： 花坛、花境、盆花、药用和食用。

第二部分 多年生花卉

【夏菊】*Dendranthema morifolium*

科属：菊科菊属。

植物学特征：多年生草本；株高30～50 cm，茎直立，基部稍木质化，分枝多；叶互生，卵形，边缘锯齿，深裂，有柄；头状花序，数个集生于茎枝顶端，重瓣，花红、黄、粉、白等色；瘦果。

产地分布：菊花原产我国；栽培历史悠久，人工培育品种繁多。

习性：属日中性植物，适应性强，耐热，耐寒，耐旱，耐修剪，在夏季开花正常，宜疏松、肥沃、排水良好的土壤条件。

成株生长发育节律：在北京地区3月中旬萌动返青，经修剪在夏秋季开花，种子不能自然结实。

繁殖栽培技术要点：冬春扦插，一次或多次修剪，在雨季注意排水防涝。

应用：花坛、花境、丛植、地被和盆花。

【东北婆婆纳】*Veronica rotunda var. subintegra*

科属：玄参科婆婆纳属。

植物学特征：多年生草本；株高30～60 cm，茎直立，上部多分枝；叶对生，披针形至卵圆形，边缘有锯齿；总状花序，顶生穗状，花穗长15～30 cm，花蓝色；蒴果。

产地分布：原产分布我国东北，朝鲜、日本及俄罗斯远东地区也有分布；近几年引种栽培。

习性：适应性强，耐寒，耐热，喜阳又稍耐阴，耐旱，耐湿，耐修剪，对土壤要求不严。

成株生长发育节律：3月下旬萌动返青，花期6～10月份，自然结实率极低，绿期3月下旬至12月份；修剪到现蕾开花一个半月左右。

繁殖栽培技术要点：春季萌动或夏秋季扦插或秋季播种，栽培管理简易。

应用：花境、丛植、地被、切花、盆花和饲用。

【细叶婆婆纳】*Veronica linariifoia*

科属：玄参科婆婆纳属。

植物学特征：多年生草本；株高30～80 cm，茎直立，少分枝，通常被白色柔毛；下部的叶常对生，上部的叶多互生，条形，顶端钝或急尖，基部楔形，上部边缘有三角形锯齿；总状花序，顶生穗状，花穗长15～30 cm，花浅蓝、白色；蒴果。

产地分布：原产分布我国东北、华北，朝鲜、日本、蒙古及俄罗斯远东地区也有分布；近几年引种栽培。

习性：适应性强，耐寒，耐热，喜阳又稍耐阴,耐旱，耐湿，耐修剪，对土壤要求不严。

成株生长发育节律：3月下旬萌动返青，花期6～10月份，自然结实率极低，绿期3月下旬至12月份；修剪到现蕾开花2个月左右。

繁殖栽培技术要点：春季萌动或夏秋季扦插或秋季播种，栽培管理简易。

应用：花境、丛植、地被、切花和盆花。

【轮叶婆婆纳】 *Veronicastrum sibiricum* **又名草本威灵仙**

科属：玄参科腹水草属。

植物学特征：多年生草本；株高80～120 cm，根状茎横走，节间短，根多而须状，茎圆形，不分枝；叶3～8轮生，广披针形或长椭圆形，长10～15 cm，宽2～5 cm，先端锐尖，基部通常楔形，边缘有锯齿；花序顶生，长尾状，长20～35 cm，花冠青紫色，筒状；蒴果。

产地分布：原产我国，分布东北、华北和西北等地，朝鲜、日本、蒙古及俄罗斯远东地区也有分布；近几年引种栽培。

习性：适应性强，耐寒，耐热，喜阳又稍耐阴，耐旱，耐湿，耐修剪，对土壤要求不严。

成株生长发育节律：3月下旬萌动返青，花期6～8月份，自然结实率极低，绿期3月下旬至12月份。

繁殖栽培技术要点：春季萌动或夏秋季扦插或秋季播种，栽培管理简易。

应用：花境、丛植、地被、切花、盆花和药用。

【甘野菊】*Dendranthema lavandulifolium* var. *seticuspe*

科属： 菊科菊属。

植物学特征： 多年生草本；株高30～120cm，茎直立，中部以上多分枝，有稀疏柔毛；具地下匍匐茎；叶轮廓卵形、宽卵形或椭圆状卵形，叶大而质薄，两面无毛或几无毛， 2回羽状分裂，1回全裂，侧裂片2～3对，2回半裂或浅裂，裂片菱状卵形或卵形，全缘或具缺刻状锯齿；头状花序，通常多数在茎顶排成复伞房状，花黄色；瘦果。

产地分布： 原产我国，分布于三北及西南等地区。

习性： 适应性强，耐热，耐寒，耐旱，耐修剪，在夏季开花正常，宜疏松、肥沃、排水良好的土壤条件。

成株生长发育节律： 在北京地区3月下旬萌动，花期7～9月份，果期9～11月份。

繁殖栽培技术要点： 冬春扦插或春季分株，一次或多次修剪，在雨季注意排水防涝。

应用： 花境、地被、药用和食用。

【甘菊】*Matricaria chamomilla*

科属： 菊科母菊属。

植物学特征： 多年生草本；株高30～60cm，多分枝，叶2～3回羽裂，小裂片狭线形；头状花序；花白色，强反卷，有浓香气；盛开时鲜亮黄色；瘦果。

产地分布： 原产欧亚，在我国有分布；近几年引种栽培。

习性： 耐寒，喜阳，宜富含腐殖质、肥沃的土壤。

成株生长发育节律： 在北京地区3月下旬萌动，花期5～9月份，果期7～10月份，绿期3月下旬至11月份。

繁殖栽培技术要点： 秋播或种子自播，在生长期适宜浇水施肥。

应用： 花境、地被和药用。

【射干】*Belamcanda chinensis*

科属： 鸢尾科射干属。
植物学特征： 多年生草本；根状茎匍匐生，株高30～90 cm；叶无柄，2列，扁平，剑形，多脉，叶基抱茎；聚伞花序，顶生，花柄及分枝的基部均具膜质苞片，苞片卵形或披针形，花橘黄色，具紫红色斑点；蒴果。
产地分布： 原产我国；常见栽培。
习性： 适应性强，耐寒，耐热，耐旱，喜阳，对土壤要求不严。
成株生长发育节律： 北京地区4月上旬萌动，花期7～8月份，果熟期9～10月份，绿期4～11月份。
繁殖栽培技术要点： 春季分块根，栽培管理简易。
应用： 花坛、丛植、花境和药用。

【白屈菜】*Chelidonium majus*

科属：罂粟科白屈菜属。

植物学特征：多年生草本；株高50～100 cm，茎直立，多分枝，具白色细长柔毛，全株含黄色汁液；主根粗壮，圆锥形；叶互生，有长柄，1～2回羽状全裂，全裂片5～7，卵形至长圆形，边缘有不整齐齿或缺刻；叶上面绿色，下面绿白色，有白粉，伏生细毛；花数朵成伞形聚伞花序，花黄色；蒴果。

产地分布：原产我国，全国各地都有分布； 20世纪80年代中期引种栽培。

习性：适应性强，耐寒，耐热，耐干旱，耐修剪，不择土壤，种子自播能力强。

成株生长发育节律：3月上旬萌动返青（包括种子自播），花期4月下旬至11月份，种子成熟期6～11月份，绿期3月中旬至12月份；修剪到现蕾开花25天左右。

繁殖栽培技术要点：春季萌动或秋季播种，栽培管理简易。

应用：花境、丛植、地被和药用。

【黄芩】*Scutellaria baicalensis* 又名芩茶

科属：唇形科黄芩属。

植物学特征：多年生草本；根状茎肥粗；株高40～100 cm，茎直立向上或斜生，四棱形，多分枝；叶条形或披针形，两面疏被微柔毛，全缘；花序顶生，总状，长7～15 cm，常再于茎顶聚成圆锥状，花二唇形，蓝色；坚果。

产地分布：原产分布我国三北地区，朝鲜、日本、蒙古及俄罗斯远东地区也有分布。

习性：适应性强，耐寒，耐热，喜阳又稍耐阴，耐旱，耐湿，耐修剪，对土壤要求不严。

成株生长发育节律：3月下旬萌动返青，花期6～10月份，种子成熟期8～10月份，绿期3月下旬至12月份；修剪到现蕾开花一个半月左右。

繁殖栽培技术要点：春季萌动或夏、秋季扦插或秋季播种，栽培管理简易。

应用：花境、丛植、地被、盆花、食用和药用。

【大花旋覆花】*Inula britannica* 又名金佛草

科属：菊科旋覆花属。

植物学特征：多年生草本；株高50～80 cm，根状茎发达，茎直立，上部有分枝，全株被长柔毛；叶互生，椭圆形或长圆形，基部渐狭或急狭或有稍抱茎的小耳，无柄，边缘有小尖头的疏齿或全缘；头状花序，径3～5 cm排成疏散伞房状，径3～5 cm，舌状花黄色，顶端有3小齿，筒状花黄色；瘦果。

产地分布：原产我国，分布东北、华北、西北以及南方地区，朝鲜、日本、蒙古和俄国也有分布；近几年引种栽培。

习性：适应性强，耐寒，耐热，耐旱，喜阳，生长快，自繁能力强，耐瘠薄又喜肥，对土壤要求不严。

成株生长发育节律：3月下旬萌动，花期8～9月份，种子成熟期10～11月份，绿期3月下旬至12月份。

繁殖栽培技术要点：春季萌动或秋季播种，栽培管理简易。

应用：花境、地被、切花和药用。

【牛扁】*Aconitum barbatum var.puberulum* 又名黄花乌头

科属：毛茛科乌头属。

植物学特征：多年生草本；高可达50～100 cm，茎、叶柄均有反曲紧贴的短柔毛；基生叶和茎下部叶都有长叶柄，叶圆肾形，长达15 cm，宽达20 cm，3全裂，裂片又再裂，小裂片三角形或狭披针形；总状花序长，顶生，密生反曲微柔毛，花黄色，上萼片呈圆筒形，直立，高1.7～2.5 cm，花瓣2，有长爪，有矩；蓇葖果。

产地分布：原产我国，分布于我国华北等地，近几年引种栽培。

习性：耐寒，耐热，耐旱，喜阳，耐瘠薄又喜肥，对土壤要求不严。

成株生长发育节律：4月上旬萌动返青，花期6～8月份，种子成熟期8～10月份，绿期4月上旬至11月份。

繁殖栽培技术要点：春季萌动或秋季播种，在生长期适宜浇水施肥。

应用：花境、丛植、地被、切花和药用。

【菊蒿】*Tanacetum vulgare* 又名金纽扣

科属：菊科艾菊属。

植物学特征：多年生草本；株高50～120 cm，茎直立，上部常分枝；叶矩椭圆形或矩椭圆状卵形，长达20 cm，宽8～10 cm，2回羽状分裂或深裂，裂片卵形至卵状披针形，羽轴有栉齿状裂片，叶两面无毛或有疏单毛或叉状分枝的毛，下部叶有长叶柄，叶柄基部扩大，上部的叶无叶柄；头状花序异型，多数在茎与分枝顶端排成复伞房状，花筒状，黄色；瘦果。

产地分布：原产我国，分布东北、华北、西北；朝鲜、日本、蒙古和俄罗斯也有分布；近几年引种栽培。

习性：适应性强，耐寒，耐热，耐旱，喜阳，自繁能力强，耐瘠薄又喜肥，对土壤要求不严。

成株生长发育节律：北京地区3月下旬萌动，花期8～9月份，种子成熟期10～11月份，绿期3月下旬至11月份。

繁殖栽培技术要点：春季萌动或秋季播种，栽培管理简易。

应用：花境、地被、切花和药用。

【珠光香青】*Anaphalis margaritacea*

科属：菊科香青属。

植物学特征：多年生草本；株高30～60 cm，全株被蛛丝状及腺毛，根状茎细长匍匐；叶互生，无柄，线形或线状披针形，长10 cm，边缘有锯齿；头状花序多数(9～15)，密集成复伞房状，花白色；瘦果。

产地分布：原产于我国；分布我国东北及东亚、北美；近几年引种栽培。

习性：耐寒，耐热，喜阳，耐旱，宜富含腐殖质、肥沃的土壤。

成株生长发育节律：北京地区4月上旬萌动，花期6～9月份，果期9～10月份，绿期4月上旬至10月份。

繁殖栽培技术要点：春季萌动或秋季播种，在生长期适宜浇水施肥。

应用：花境、地被和药用。

【大花剪秋萝】*Lychnis fulgens*

科属：石竹科剪秋萝属。

植物学特征：多年生草本；株高50～80cm，根肥厚呈纺锤状，茎直立，全株被长毛；叶卵状长圆或卵状披针形，两面及边缘有较短毛；聚伞花序，3～7朵；花鲜红色；蒴果。

产地分布：原产我国，分布东北和华北等地区；常见栽培。

习性：耐寒，喜阳，耐修剪，适宜于排水良好、肥沃、疏松的土壤环境。

成株生长发育节律：在北京地区3月下旬萌动，花期6～9月份，种子成熟期9～10月份，绿期3月中旬至11月份。

繁殖栽培技术要点：春季播种或分株，在生长期适宜浇水施肥。

应用：花境、地被和药用。

【华北蓝盆花】*Scabiosa tschiliensis*

科属：川续断科蓝盆花属。

植物学特征：多年生草本；株高30～60 cm，茎自基部分枝，具白色卷伏毛；基生叶簇生，连叶柄长10～15 cm；叶片卵状披针形或狭卵形至椭圆形，先端急尖或钝，有疏钝锯齿或浅裂，偶为深裂；两面疏生白色柔毛；茎生叶对生，羽状深裂至全裂，侧裂片卵状披针形或宽披针形，近上部叶羽状全裂，裂片线状披针形；头状花序，具长柄，柄上具纵沟卷曲状柔毛，花序直径2.5～5 cm；花蓝紫色；瘦果。

产地分布：原产分布东北、华北、西北等地区；近几年引种栽培。

习性：适应性广，耐寒，耐热，喜阳，耐旱，对土壤的适应能力强。

成株生长发育节律：在北京地区4月上旬萌动，花期8～10月份，种子成熟期10～11月份，绿期4～11月份。

繁殖栽培技术要点：春季播种或种子自播，在生长期适宜浇水施肥。

应用：花坛、花境、丛植、地被、切花、盆花及药用。

【狼尾花】*Lysimachia barystachys*

科属：报春花科狼尾花属。

植物学特征：多年生草本；株高50～70 cm，全株有细毛；叶互生，长圆状披针形，长达10 cm，全缘，两面有毛；总状花序，顶生，下宽，渐上渐狭，呈狼尾状，早期则直伸；花白色；蒴果。

产地分布：原产我国，在全国各地均有分布；近几年引种栽培。

习性：耐寒，耐热，耐湿，喜阳也耐半阴，适宜疏松、肥沃及湿润土壤。

成株生长发育节律：在北京地区3月下旬萌动，花期6～8月份，种子成熟期8～9月份，绿期3～11月份。

繁殖栽培技术要点：秋季播种或种子自播，在生长期适宜浇水施肥。

应用：花境、丛植、地被和药用。

【蓝刺头】*Echinops latifolius*

科属：菊科蓝刺头属。

植物学特征：多年生草本；株高40～80 cm，茎直立，有白绵毛，少分枝；叶互生，2回羽状深裂，裂片披针形，有刺尖头，有缺刻状小裂片，边缘有刺，上面绿色，下面密生白色绵毛；复头状花序呈圆球形，直径4～6 cm，外苞为刚毛状；花冠筒状，花蓝色；瘦果。

产地分布：原产我国，分布东北、华北以及甘肃、陕西、山东等地。近几年来引种栽培。

习性：耐寒，耐旱，喜阳，不择土壤。

成株生长发育节律：在北京地区3月中旬萌动，花期7～8月份，种子成熟期9～10月份，绿期3～11月份。

繁殖栽培技术要点：秋季播种或种子自播，在生长期适宜浇水施肥。

应用：花境、地被和药用。

【黄花龙芽】*Patrinia scabiosaefolia*

科属：败酱科败酱属。

植物学特征：多年生草本；株高80～120 cm；根状茎横走，有陈腐气味；茎上有脱落性的白色粗毛；基生叶簇生，卵形或长卵形，不裂或羽状分裂，先端钝，缘有粗齿，叶柄较叶片长；茎生叶对生，披针形或宽卵形，长5～15 cm，2～3对羽状深裂或全裂，顶端裂片最大，两侧裂片较小而窄；由圆锥聚伞花序组成大型伞房状花序；花冠黄色；瘦果。

产地分布：原产我国，在全国各地均有分布。

习性：耐寒，耐旱，喜阳，不择土壤。

成株生长发育节律：在北京地区3月下旬萌动，花期6～8月份，种子成熟期9～10月份，绿期3～11月份。

繁殖栽培技术要点：秋季播种或种子自播，在生长期适宜浇水施肥。

应用：花境、地被和药用。

【八宝】*Sedum spectabile*

斯蒂文八宝

红花八宝

科属：景天科景天属。

植物学特征：多年生肉质草本；株高30～70 cm，根状茎，茎粗，直立，丛生，不分枝；叶肉质卵形，对生，少3叶轮生，先端稍尖，边缘呈波浪状的浅锯齿；伞房状聚伞花序，花白、红、紫、粉色；蓇葖果。栽培品种有：***S.hybridum* 白花八宝(*album*)、红花八宝(*meteor*)、桃红八宝(*atropurpureum*)和斯蒂文八宝 *S.*(*Steven Word*)**。

产地分布：原产分布我国东北等地；常见栽培。

花叶八宝

习性：适应性强，耐寒，耐热，耐旱，喜阳又耐半阴，耐修剪，耐瘠薄又喜肥，对土壤要求不严。

成株生长发育节律：在北京地区3月上旬萌动返青，花期8～10月份，种子成熟期10月份，结实率极低；绿期3～11月份。

繁殖栽培技术要点：春季萌动或春、夏、秋季扦插，栽培管理简易。

应用：花坛、花境、丛植、地被、盆花和药用。

八宝

桃红八宝

白花八宝

【垂盆草】*Sedum sarmentosum*

又名狗牙齿、鼠牙半支莲、龙鳞草

科属：景天科景天属。

植物学特征：多年生肉质草本；高10～20cm，匍匐生根，不育枝细弱，全株光滑无毛；叶3片轮生，倒披针形至长圆形，顶端近急尖，基部有距，全缘；花序聚伞状，无梗，花淡黄色；蓇葖果。

产地分布：原产我国，分布东北、华北、长江流域等地，朝鲜、日本也有分布，常见栽培。

习性：适应性强，耐寒，耐热，喜阳又耐半阴，耐旱，耐修剪，生长快，自繁殖系数高，耐瘠薄又喜肥，对土壤要求不严。

成株生长发育节律：在北京地区3月初萌动返青，花期 5～8月份，种子成熟期8～10月份，结实率极低；绿期3～12月份。

繁殖栽培技术要点：春季萌动或春、夏、秋季扦插，栽培管理简易。

应用：花坛、花境、丛植、地被、盆花和药用。

佛甲草

【景天三七】*Sedum aizoon* 又名土三七、费菜

瓦松

景天三七

科属：景天科景天属。

植物学特征：多年生肉质草本；株高20～50 cm，茎直立，丛生，不分枝；叶互生，椭圆状披针形至卵状披针形，先端渐尖，基部楔形，边缘有不整齐锯齿，无柄；聚伞花序，花黄色；蓇葖果。

同属植物常见栽培的有：**佛甲草**（*S.lineare*），多年生草本；株高10～20 cm，无毛；叶线形，3叶轮生，少数对生，先端急尖，基部钝圆有短距；聚伞花序，花黄色，花期5～6月份。**瓦松**（*Orostachys fimbriatus*）瓦松属，多年生草本；株高15～30 cm，被紫红色斑点，无毛；基生叶莲座状，匙状线形，先端增大，为白色软骨质，半圆形，有齿；茎生叶散生，无柄，线形；花序圆柱状、总状或圆锥状，花粉红色，花期8～9月份。**德国景天**（*S.hybridum 'Immergrunchett'*），株高15～25 cm，茎半直立或匍匐状，丛生；叶轮生，倒卵状匙形，端部圆钝，基部较窄，边缘呈波浪状锯齿，晚秋呈红色；花黄色，花期5～7月份。**夏艳拟景天**（*S.spurium 'Summer Glorg'*），株高10～20 cm，茎半直立或匍匐状，多分枝；叶圆柱形，无柄，为紫红色。**反曲景天**（*S.'reflexum'*），叶圆柱形，银灰色。**粗壮景天** *Sedum 'Robustum'* 茎、叶脉紫色。

产地分布：原产我国，分布广泛，我国东北、华北、长江流域以及朝鲜、日本等地常见栽培。

习性：适应性强，耐热性强，喜阳又耐半阴，耐寒，耐旱，耐修剪，生长快，自繁殖系数高，耐瘠薄又喜肥，对土壤要求不严。

成株生长发育节律：在北京地区3月上旬萌动返青，花期6～8月份，种子成熟期8～9月份，结实率极低；绿期3～12月份。

繁殖栽培技术要点：春季萌动或春夏秋季扦插，栽培管理简易。

应用：花坛、花境、丛植、地被、盆花和药用。

反曲景天

德国景天

【荠苨】*Adenophora trachelioides*

科属：桔梗科沙参属。

植物学特征：多年生草本；株高50～100 cm，具白色乳汁，根肥大，肉质，成圆柱形或圆锥形；叶大多互生，基生叶心脏肾形；花序常成总状或圆锥状，花冠钟状、漏斗状或筒状，蓝紫色和白色；蒴果。

产地分布：原产我国，分布辽宁、河北、安徽等地区；引种栽培有30多年。

习性：适应性强，耐寒，耐热，耐旱，喜阳，对土壤要求不严。

成株生长发育节律：北京地区3月下旬萌动，花期6～8月份，果期8～10月份，绿期3～11月份。

繁殖栽培技术要点：春季萌动或分株或播种，栽培管理简易。

应用：花坛、花境、地被和药用。

【大马齿苋】*Portulaca oleracea var. gigantes*

科属：马齿苋科马齿苋属。

植物学特征：多年生草本；植株肉质，茎多分枝，平卧地面；单叶，互生，扁倒卵形，先端钝圆，全缘，肉质，光滑，无毛；花顶生枝端，黄、粉、紫、白等色；蒴果。

产地分布：原产亚洲热带，在我国热带地区有分布。

习性：耐热，喜阳，耐旱，耐修剪，对土壤要求不严。

成株生长发育节律：北京地区在温室内四季常绿或早春播种，花期6～10月份，果期8～11月份，绿期5～11月份。

繁殖栽培技术要点：早春播种或分株或扦插，在生长期适宜浇水施肥。

应用：花坛、花境、地被和药用。

【重瓣萱草】 *Hemerocallis fulva var. kwanso*

科属：百合科萱草属。

植物学特征：多年生草本；地下具短粗的根状茎，根系肉质；叶丛状基生，呈条带状披针形，长30～40 cm；花葶高40～60 cm，圆锥花序，顶生，每序着花6～12朵，花冠呈长漏斗形，重瓣，黄色；蒴果。

产地分布：原产我国，在我国分布极广。重瓣大花萱草为自然3倍体。

习性：适应性强，耐热性强，耐寒，喜阳也耐半阴，耐干旱，对土壤要求不严。

成株生长发育节律：在北京地区4月上旬萌动返青，6～7月份抽莛，花期7～9月份，不能自然结实。

繁殖栽培技术要点：春季分株或组培，在栽培中保持土壤湿润。

应用：花境、丛植、地被和药用。

【金娃娃萱草】 *Hemerocallis x hybridus*

科属：百合科萱草属。

植物学特征：多年生草本；地下具短粗的根状茎，根系肉质；叶丛状基生，呈条带状披针形，长15～30 cm；花葶高20～40 cm，圆锥花序，顶生，每序着花2～6朵，花冠呈长漏斗形，黄色；蒴果。

产地分布：亲本原产我国，人工培育品种。

习性：适应性强，耐热性强，耐寒，喜阳也耐半阴，耐干旱，对土壤要求不严。

成株生长发育节律：在北京地区4月上旬萌动返青，花期5～9月份，种子不能自然结实。

繁殖栽培技术要点：春季分株，在栽培中保持土壤湿润。

应用：花境、丛植、地被和药用。

【直立黄耆】*Astragalus adsurgens*

科属：豆科黄耆属。

植物学特征：多年生草本；株高20～60 cm，茎直立，有分枝，具丁字毛；奇数羽状复叶，托叶三角形，渐尖；小叶7～23片，椭圆形、卵状椭圆形或长圆形，先端钝，基部圆形；总状花序，在茎上部腋生，花序梗比复叶长或近等长，花冠紫红色或蓝紫色，旗瓣倒卵状匙形；荚果。

产地分布：原产我国，分布我国三北地区，欧洲及亚洲西部也有分布；近几年引种栽培。

习性：耐寒，耐热，喜阳也稍耐阴，耐修剪，对土壤要求不严，但适宜于排水良好、肥沃、疏松的土壤环境。

成株生长发育节律：在北京地区3月中旬萌动，花期6～8月份，种子成熟期9～10月份，绿期3月中旬至11月份。

繁殖栽培技术要点：春季萌动或秋季播种，栽培管理简易。

应用：花境、地被和饲料。

【大叶铁线莲】*Clematis heracleifolia*

科属：毛茛科铁线莲属。

植学物特征：多年生草本；株高50～80 cm，茎直立，密生白绒毛；3出复叶，叶宽卵形或近圆形，顶端短尖，基部圆形或楔形，质地厚，边缘有不整齐的粗锯齿，齿尖有小尖头，叶长6～10 cm，宽3～9 cm；花序腋生和顶生，排列成2～3轮，花梗密生灰白色毛，雄花和两性花异株，花萼管状，长1.5 cm，蓝色；瘦果。

产地分布：分布我国东北、华北、西北、华东和中南等地；常见栽培。

习性：耐寒，耐热，喜阳也稍耐阴，对土壤要求不严，但适宜于排水良好、肥沃、疏松的土壤环境。

成株生长发育节律：在北京地区4月上旬萌动，花期7～9月份，种子成熟期9～10月份，绿期4月上旬至11月份。

繁殖栽培技术要点：春季萌动或春季分株，在生长期适宜浇水施肥。

应用：花境、地被、切花和盆花。

【长叶车前】*Plantago lanceolata*

科属：车前科车前属。

植物学特征：多年生草本；根状茎短，生细须根；叶基生，基部有长柔毛，披针形或条状披针形，长5～20cm，宽0.5～3.5cm，全缘，深绿，有3～5条明显纵脉；穗状花序，圆柱形，密生多数花，花棕色；蒴果。

产地分布：原产我国，分布于东北、华东，朝鲜也有分布；引种栽培有20多年。

习性：适应性强，耐寒，耐热，耐湿，喜阳又稍耐阴，分蘖和自播繁衍能力强，对土壤要求不严。

成株生长发育节律：北京地区3月中旬萌动，花期5～9月份，果期7～10月份，绿期3～11月份。

繁殖栽培技术要点：春季萌动或分块茎，栽培管理简易。

应用：花坛、花境、地被和药用。

【松果菊】*Echinacea purpurea*

科属：菊科松果菊属。

植物学特征：多年生草本；株高40～80cm，茎直立，少分枝或上部分枝，全株具粗糙毛；叶互生，卵形至卵状披针形，边缘具疏浅锯齿，茎生叶柄基部略抱茎；头状花序，单生枝顶，舌状花紫红、粉、白色，筒状花有光泽，橙红色，突起，形似松果。

产地分布：原产北美；在我国栽培有半个多世纪。

习性：适应性强，耐寒，耐热，喜阳，耐湿，宜深厚和富含腐殖质的土壤。

成株生长发育节律：北京地区3月下旬萌动返青，花期6～10月份，种子成熟期8～10月份，绿期3月下旬至12月份。

繁殖栽培技术要点：春季萌动或春季分株或春季扦插，栽培管理简易。

应用：花坛、花境、丛植、地被、切花和盆花。

【落新妇】*Astilbe chinensis* 又名金毛三七、红升麻

科属：虎耳草科落新妇属。

植物学特征：多年生草本；高50～80 cm，根状茎粗大，具深棕黄色长绒毛；基生叶为二至三回三出复叶，小叶卵形至长椭圆状卵形，先端长渐尖，基部宽楔形，边缘具不整齐重锯齿；圆锥花序，顶生，密生棕色柔毛，花密集，红紫色；蓇葖果。

产地分布：原产我国，分布三北及南方地区，朝鲜、苏联也有分布，生长于山谷溪流、林缘湿润而富含腐殖质的酸性和中性壤土中;栽培品种很多。

习性：耐寒，耐热，喜阳又稍耐阴，耐旱也耐潮湿，宜富含腐殖质、肥沃而湿润的中性至微酸性土壤，稍耐盐碱。

成株生长发育节律：北京地区4月上旬萌动，花期7～8月份，果期9～10月份，绿期4月上旬至10月份。

繁殖栽培技术要点：春季萌动或秋季播种，在生长期适宜浇水施肥。

应用：花境、地被、盆花和药用。

【矮生重瓣金鸡菊】*Coreopsis grandiflora*

科属：菊科金鸡菊属。

植物学特征：多年生草本；常作一、二年生栽培，株高30～50 cm，分枝伸展，多分枝，全株无毛；叶多簇生基部，茎生叶甚少，1～2羽状裂，长圆状匙形至披针形，全缘；头状花具长梗，舌状花2～3裂，花重瓣，金黄色；瘦果。

产地分布：原产北美；近几年引种栽培。

习性：适应性强，耐热性强，耐干旱及瘠薄土壤，耐寒，喜阳又稍耐阴，耐湿，耐修剪，自播能力较强，对土壤要求不严。

成株生长发育节律：北京地区4月上旬萌动返青，花期5～11月份，种子成熟期7～11月份，绿期4月下旬至12月份；修剪到现蕾开花30天左右。

繁殖栽培技术要点：春季萌动或秋季播种，在生长期适宜浇水施肥。

应用：花坛、花境、丛植、地被和盆花。

【蛇鞭菊】*Liatris spicata*

科属：菊科蛇鞭菊属。

植物学特征：多年生草本；具地下块根，从块根上抽生30～60 cm直立多叶的花茎；叶线状披针形；头状花序，花紫色或白色，紧密排列成穗状，长达30 cm；瘦果。

产地分布：原产北美；在我国引种栽培30多年。

习性：耐热性强，耐寒，耐湿，在肥沃沙质壤土中生长繁茂。

成株生长发育节律：北京地区4月中旬萌动返青，花期6～8月份，自然结实率极低，绿期4月中旬至10月份。

繁殖栽培技术要点：春季分块根，在生长期适宜浇水施肥。

应用：花坛、丛植、花境、切花和药用。

【宿根天人菊】*Gaillardia aristata*

科属：菊科天人菊属。

植物学特征：多年生草本；株高40～90 cm，全株具长毛，分枝少，茎叶多披散；叶互生，基部叶多匙形，上部叶披针形至长圆形，全缘至波状羽裂，近无柄；头状花序，顶生，具长梗30～80 cm，舌状花黄色，基部红褐色，花径7～10 cm；瘦果。

产地分布：原产北美；在我国栽培有近半个世纪。

习性：适应性强，耐热，耐干旱及瘠薄土壤，耐寒，喜阳又稍耐阴，耐湿，耐修剪，土壤要求不严。

成株生长发育节律：北京地区4月上旬萌动返青，花期6～11月份，种子成熟期7～11月份，绿期4月上旬至12月份；修剪到现蕾开花30～40天。

繁殖栽培技术要点：春季萌动或秋季播种，栽培管理简易。

应用：花坛、花境、丛植、地被和盆花。

【矮生黑心菊】 *Rudbeckia hybrida*

科属： 菊科金光菊属。

植物学特征： 多年生草本；常作一、二年生栽培，株高30～50cm，多分枝，枝叶粗糙，全株被毛；近根出叶，上部叶互生，叶匙形及阔披针形，叶缘具粗齿；头状花序，舌状花单轮，为深浅不同的黄褐色，基部暗紫色，筒状花深褐色，半球形；瘦果。

产地分布： 原产北美；是从原高秆单瓣黑心菊中选育出来的。

习性： 适应性强，耐热，喜阳，耐寒，耐湿，耐干旱和瘠薄土壤。

成株生长发育节律： 北京地区4月上旬萌动返青，花期6～9月份，种子成熟期8～10月份，绿期4月上旬至11月份；修剪到现蕾开花30天左右。

繁殖栽培技术要点： 春季萌动或秋季播种，栽培管理简易。

应用： 花坛、花境、丛植、地被和盆花。

【矮生重瓣黑心菊】*Rudbeckia hybrida*

科属：菊科金光菊属。

植物学特征：多年生草本；常作一、二年生栽培，株高40～60cm，多分枝，枝叶粗糙，全株被毛；近根出叶，上部叶互生，叶匙形及阔披针形，叶缘具粗齿；头状花序，舌状花多轮（重瓣），金黄色；瘦果。

产地分布：原产北美；是从原高秆单瓣黑心菊中选育出来的。

习性：适应性强，耐热，喜阳，耐寒，耐湿，耐干旱和瘠薄土壤。

成株生长发育节律：秋季或早春播种，花期6～9月份，种子成熟期8～10月份，绿期4月上旬至11月份；修剪到现蕾开花35天左右。

繁殖栽培技术要点：秋季播种，在生长期适宜浇水施肥。

应用：花坛、花境、丛植、地被和盆花。

【假龙头】*Physostegia virginiana*　又名随意草

科属：唇形科假龙头花属。

植物学特征：多年生草本；株高50～80cm，茎丛生而直立，地下有匍匐状根茎；叶长椭圆形至披针形，端锐尖，缘有锯齿；穗状花序，顶生，长20～30cm，单一或多个分枝，花淡紫、粉、白色；坚果。

产地分布：原产北美；在我国栽培有半个多世纪。

习性：适应性强，耐寒，耐热，喜阳，耐湿，耐修剪，对土壤要求不严。

成株生长发育节律：北京地区3月上旬萌动返青，花期6～10月份，自然结实率低，绿期3月上旬至12月份；修剪到现蕾开花1.5～3个月。

繁殖栽培技术要点：春季萌动或春季分株，栽培管理简易。

应用：花坛、花境、丛植、地被、切花和盆花。

【福禄考】*Phlox paniculata*　又名宿根福禄考

科属：花忍科福禄考属。

植物学特征：多年生草本；根茎呈木质化，多须根，株高40～100 cm，茎粗壮直立，通常不分枝，光滑或上部有柔毛；叶呈十字状对生，茎上部叶常呈三轮生，长椭圆状披针形至卵状披针形，先端尖，基部狭；塔形圆锥花序，顶生，花朵密集，花冠高脚碟形，花红、紫、粉、白等色；蒴果。

产地分布：原产北美；在我国栽培有近半个世纪；人工培育品种繁多。

习性：耐寒，耐热，喜阳，耐修剪，宜排水良好、疏松的土壤。

成株生长发育节律：北京地区4月上旬萌动返青，花期6～10月份，自然结实率极低，绿期4月上旬至11月份；修剪到现蕾开花40～60天。

繁殖栽培技术要点：春季萌动或春季分株或夏、秋季扦插，在生长期适宜浇水施肥。

应用：花坛、花境、丛植、地被和盆花。

【一支黄花】*Solidago decurrens*

科属：菊科一枝黄花属。

植物学特征：多年生草本；茎直立，茎基部木质化，株高100～150cm，主茎上部易产生分枝，全株光滑或稍被短毛；叶互生，披针形，表面粗糙，叶背面有毛，边缘有锯齿，具3行明显叶脉；圆锥状花序，小头状花序多而密集，花鲜黄色；瘦果全部无毛，极个别在瘦果的顶端有疏毛。

产地分布：原产北美，在我国北方地区有自然分布，已栽培半个多世纪。

习性：属长日照植物，适应性强，耐寒，耐热，喜阳，耐旱又可抗拒短期内积水，生长快，抗倒伏，自繁殖系数极高，耐瘠薄又喜肥，对土壤要求不严，耐修剪。

成株生长发育节律：北京地区3月初萌动返青，花期6～8月份，种子成熟期8～9月份，结实率低；绿期3～12月份。

繁殖栽培技术要点：春季萌动或春季分株，栽培管理简易。

应用：花境、丛植、地被、切花和药用。

【串叶松香草】*Silphium perfoliatum*

科属：菊科松香草属。

植物学特征：多年生草本；株高150～300cm，茎直立，粗壮坚挺，四棱形，光滑无毛，上部多分枝；叶对生，边缘具粗锯齿，两面有粗糙毛；头状花序，在茎顶成伞房状，舌状花黄色，管状花黄色；瘦果。

产地分布：原产北美；在我国栽培有半个多世纪。

习性：适应性强，耐寒，耐热，喜阳，耐旱，生长快，自繁能力强，耐瘠薄又喜肥，对土壤要求不严。

成株生长发育节律：北京地区4月上旬萌动返青，花期8～10月份，种子成熟期10～11月份，绿期4月上旬至12月份。

繁殖栽培技术要点：春季萌动或秋季播种，栽培管理简易。

应用：花境和地被。

【芸香】*Ruta graveolens*

科属：芸香科芸香属。

植物学特征：多年生草本；茎基部木质化，呈半灌木状，株高40～80 cm，全株无毛而有腺点，有强烈气味；叶2～3回羽状全裂，裂片全缘或深裂，银灰色；聚伞花序，顶生，花黄色；蒴果。

产地分布：原产欧洲及地中海地区；我国20世纪60年代引种作为药用栽培，80年代末引种栽培。

习性：适应性广，耐热性强，耐寒性强，耐旱，耐瘠薄土壤但又喜肥，抗病虫害，耐修剪，对土壤要求不严。

成株生长发育节律：北京地区3月中旬萌动返青，花期5～12月上旬，种子成熟期6～12月份，绿期3月中旬至12月下旬；修剪到现蕾开花一个半月左右。

繁殖栽培技术要点：春季萌动或秋季播种，栽培管理简易。

应用：花坛、花境、丛植、地被、盆花和药用。

【滨菊】*Chrysanthemum leucanthemum* 又名春白菊

科属：菊科滨菊属。

植物学特征：多年生草本；株高40～80cm，直立单生或稍有分枝；基生叶倒披针形，叶缘具粗齿，有柄；茎生叶少，披针形，有缺刻状羽裂，无柄，短于基生叶；头状花序，顶生，舌状花单轮，白色，筒状花黄色；瘦果。

产地分布：原产欧洲；在我国栽培有半个多世纪。

习性：适应性强，耐寒，耐热，喜阳，耐湿，宜深厚和富含腐殖质的土壤。

成株生长发育节律：北京地区4月上旬萌动返青，花期6～8月份，种子成熟期8～9月份，绿期4月上旬至11月份。

繁殖栽培技术要点：春季萌动或秋季播种，在生长期适宜浇水施肥。

应用：花坛、花境、地被和切花。

【肥皂花】*Saponaria officinalis* 又名石碱花

科属：石竹科肥皂草属。

植物学特征：多年生草本；株高30～60cm，茎直立，上部分枝，被短柔毛，节部稍膨大；叶对生，椭圆形、椭圆披针形或长圆形，先端短尖，基部渐狭成柄，抱茎，并稍连生，边缘粗糙；聚伞花序，生茎顶或上部腋生，具3～7个花，花浅粉或白色，有重瓣和单瓣；蒴果。

产地分布：原产欧洲，在我国栽培有半个多世纪。

习性：耐寒，耐热，适宜于排水良好、肥沃、疏松的土壤环境。

成株生长发育节律：在北京地区3月下旬萌动，花期6～9月份，种子成熟期9～10月份，绿期3月下旬至11月份。

繁殖栽培技术要点：春季萌动或秋季播种，在生长期适宜浇水施肥。

应用：花境、地被和药用。

【毛地黄】*Digitalis purpurea*

科属：玄参科毛地黄属。

植物学特征：多年生草本；常作二年生栽培，株高80～100 cm，茎直立，少分枝；基生叶具长柄，卵形至卵状披针形；茎生叶柄短或无，长卵形；总状花序，顶生，长50～80 cm，花偏生一侧，倒垂，花冠钟状，紫红色，有深色小斑点；蒴果。

产地分布：原产欧洲及亚洲西部，早有栽培。

习性：喜阳，喜凉爽，耐旱，耐瘠薄土壤。

成株生长发育节律：北京地区秋播，翌年3月下旬萌动，花期6～8月份，果期9～10月份，绿期3月下旬至10月份。

繁殖栽培技术要点：春季萌动或秋季播种，在生长期适宜浇水施肥。

应用：花境、地被和药用。

【宿根月见草】*Oenothera fruticosa*

科属：柳叶菜科月见草属。

植物学特征：多年生草本；株高30～50 cm，茎微带红色；叶长圆披针形至披针形，全缘，茎叶多毛；花单生叶腋；花黄橘红色，盛开时鲜亮黄色；蒴果。

产地分布：原产美国东部；近几年引种栽培。

习性：耐寒，喜阳，耐旱，耐瘠薄，宜富含腐殖质、肥沃的土壤。

成株生长发育节律：在北京地区4月上旬萌动，花期6～9月份，果期9～10月份，绿期4月上旬至10月份。

繁殖栽培技术要点：秋播或种子自播，在生长期适宜浇水施肥。

应用：花境、地被和药用。

【美国薄荷】*Monarda didyma*

科属：唇形科薄荷属。

植物学特征：多年生草本；株高80～100cm，茎直立，四棱形；叶对生，卵形或卵状披针形，质薄，背面有柔毛，边缘有锯齿，有薄荷味；轮伞花序，聚生枝顶成头状，萼细长，花冠长5cm，红色；坚果。

产地分布：原产北美；常见栽培。

习性：耐寒，耐热，耐湿，喜阳也耐半阴，适宜疏松、肥沃及湿润土壤，耐修剪，覆盖地面快。

成株生长发育节律：在北京地区3月下旬萌动，花期6～10月份，种子成熟期9～10月份，绿期3月下旬至11月份。

繁殖栽培技术要点：春季播种，在生长期适宜浇水施肥。

应用：花坛、花境、食用和药用。

【花叶薄荷】*Mentha rotundifolia 'Variegata'*

科属：唇形科薄荷属。

植物学特征：本种为多年生草本；株高50～80cm，茎直立，四棱形；叶对生，卵形或卵状披针形，叶边缘有不规则斑纹，质薄，背面有柔毛，边缘有锯齿，有薄荷味；轮伞花序，聚生枝顶成头状，萼细长，花冠长5cm，红色；坚果。

产地分布：原产欧洲，常见栽培。

习性：耐寒，耐热，耐湿，喜阳也耐半阴，适宜疏松、肥沃及湿润土壤，耐修剪，覆盖地面快。

成株生长发育节律：在北京地区3月下旬萌动，花期6～10月份，种子成熟期9～10月份，绿期3月下旬至11月份。

繁殖栽培技术要点：春季播种，在生长期适宜浇水施肥。

应用：花坛、花境和药用。

【马利筋】*Asclepias curassavica*

科属：萝藦科马利筋属。

植物学特征：多年生草本；高60～100 cm，茎直立，全株有乳汁；叶对生或3叶轮生，披针形，全缘光滑；伞形花序，腋生或顶生，花瓣开放时向后反卷，花橘红色，副花冠鲜黄色，呈五角帽状；蓇葖果。

产地分布：原产热带美洲；在我国引种栽培半个多世纪。

习性：适应性强，耐热性强，耐高温高湿，耐干旱，喜阳，耐修剪，对土壤要求不严。

成株生长发育节律：北京地区春播种子，花期6～8月份，果熟期9～10月份。

繁殖栽培技术要点：春季播种，在生长期适宜浇水施肥。

应用：花坛、花境和盆花。

【钓钟柳】*Pentstemon campanulatus*

科属：玄参科钓钟柳属。

植物学特征：多年生草本；茎直立，丛生，株高50～60 cm，茎叶皆被绒毛；单叶交互对生，卵形至披针形；花单生或3～4朵着生叶腋总梗上，呈不规则总状花序，花冠筒长2.5 cm，花白、紫、玫瑰等色；蒴果。

产地分布：原产墨西哥及危地马拉；在我国引种栽培有10多年。

习性：不耐寒，喜温暖，喜阳，忌炎热干旱，宜排水良好的钙质土壤，忌酸性土。

成株生长发育节律：北京地区4月下旬种植，花期5～9月份，果期7～10月份。

繁殖栽培技术要点：秋季或早春播种，在生长期适宜浇水施肥。

应用：花坛、花境和盆花。

【小冠花】*Coronilla varia*

科属：豆科小冠花属。

植物学特征：多年生草本；株高30～90cm，茎直立或基部斜卧，多分枝；叶羽状复叶，小叶3枚，倒卵形、椭圆形、长圆状倒卵形或倒披针形，先端钝圆或截形，基部楔形，上部叶缘有锯齿，中下部全缘；总状花序，腋生，花排列紧密，花蓝紫色或紫色，旗瓣长倒卵形，比翼瓣及龙骨瓣长，翼瓣和龙骨瓣有爪，瓣片顶端圆形；荚果。

产地分布：原产欧洲及亚洲西部；近几年引种栽培。

习性：耐寒，耐热，喜阳也稍耐阴，对土壤要求不严，但适宜于排水良好、肥沃、疏松的土壤环境。

成株生长发育节律：在北京地区3月中旬萌动，花期6～8月份，种子成熟期9～10月份，绿期3月中旬至11月份。

繁殖栽培技术要点：春季播种，在生长期适宜浇水施肥。

应用：花坛、花境、地被和饲料。

【矮芙蓉】*Hibiscus moscheutos*

科属：锦葵科木槿属。

植物学特征：多年生半木草本；株高50～80cm，茎直立，有分枝，全株光滑；叶大，广卵形，边缘具钝锯齿，叶柄、叶背密生灰色星状毛；花单生于枝端叶腋，花大，花径10～15cm，花红、粉、白色；蒴果。

产地分布：原产北美；近几年引种栽培。

习性：耐热性强，耐寒，喜阳又稍耐阴，耐湿，忌干旱，在肥沃的沙质壤土中生长繁茂。

成株生长发育节律：北京地区4月上旬萌动返青，花期7～9月份，种子成熟期9～10月份，结实率低，绿期4月上旬至11月份。

繁殖栽培技术要点：春季萌动或播种，在生长期适宜浇水施肥。

应用：花坛、丛植、花境和盆花。

【红花酢浆草】*Oxalis corymbosa*，又名铜锤草

科属：酢浆草科酢浆草属。

植物学特征：多年生草本，常作一、二年生栽培；直立无茎，株高10～25cm；地下部分有多数小鳞茎，鳞片有三纵棱；三小叶复叶，均基生，小叶阔倒卵形，先端凹缺，被毛，两面有棕红色瘤状小腺点；伞房花序，基生，花粉色；蒴果。

白花酢浆草花白色，是从**红花酢浆草**中选育出来的。

产地分布：原产南美巴西；我国黄河以南地区广泛栽培；北京于近几年引种栽培。

习性：耐热性强，喜阳又稍耐阴，宜在温暖湿润、富含腐殖质、排水良好的沙质壤土中生长。

成株生长发育节律：在北京地区小气候条件下能越冬，4月上旬萌动返青；或将假植在保护地的鳞茎，4月上中旬种植入花坛和花境等绿地，花期5～11月份；在冬季日光温室内（不需加温），生长开花正常；种子不能自然结实。

繁殖栽培技术要点：冬春分株，在栽培中保持土壤湿润。

应用：花坛、花境、地被、盆花和药用。

白花酢浆草

【紫叶酢浆草】 *Oxalis triangularis*

科属：酢浆草科酢浆草属。

植物学特征：多年生草本，常作一、二年生栽培；直立无茎，株高15～25 cm；具块状纺锤形根茎；三小叶复叶，均基生，小叶阔倒卵形或鱼尾形，叶紫红色；伞房花序，基生，花粉白色；蒴果。

产地分布：原产南美巴西；近几年引种栽培。

习性：耐热性强，喜阳又稍耐阴，宜在温暖湿润、富含腐殖质、排水良好的沙质壤土中生长。

成株生长发育节律：北京地区3月上旬在营养钵种植块状纺锤形根茎，4月中旬栽培在花坛和花境等绿地，花期5～11月份；在冬季日光温室内（不需加温），生长开花正常；自然不能结实。

繁殖栽培技术要点：春季种块根，在生长期适宜浇水施肥。

应用：花坛、花境、地被和盆花。

【勋章花】*Gazania longislapa*

科属：菊科勋章花属。

植物学特征：多年生草本；株高20～40 cm，具地下茎；叶大部分簇生于基部，长匙形或倒披针形，表面绿色，背面具银白色长毛，全缘或羽裂；头状花序，单生，具长梗，舌状花1～3轮，黄、粉、白等色，基部有棕黑色斑；瘦果。

产地分布：原产欧洲；在我国栽培有半个世纪。

习性：喜温暖，喜阳光，不耐寒，阴生或夜晚花闭合，宜疏松、肥沃、排水良好的土壤。

成株生长发育节律：在北京地区4月下旬栽植花坛，花期5～10月份；温室内四季开花。

繁殖栽培技术要点：春季播种或分株，在生长期适宜浇水施肥。

应用：花坛、花境和盆花。

【黄花酢浆草】*Oxalis pes-caprae*

科属：酢浆草科酢浆草属。

植物学特征：多年生草本，常作一、二年生栽培；直立无茎，株高10～25 cm；具鳞茎；小叶3枚，具紫色斑点，小叶阔倒卵形，先端凹缺；伞房花序，基生；花鲜黄色，漏斗形；蒴果。

产地分布：原产南非，在我国华北和西北有分布；于近几年引种栽培。

习性：耐热性强，喜阳又稍耐阴，宜在温暖湿润、富含腐殖质、排水良好的沙质壤土中生长。

成株生长发育节律：在北京地区小气候条件下能越冬，4月上旬萌动返青；或将假植在保护地的鳞茎，4月中旬植入花坛和花境等绿地，五一开花至11月下旬；在冬季日光温室内（不需加温），生长开花正常；种子不能自然结实。

繁殖栽培技术要点：冬春分株，在栽培中保持土壤湿润。

应用：花坛、花境、地被和盆花。

【韭菜】*Allium tuberosum*

科属： 百合科葱属。

植物学特征： 多年生草本，为蔬菜植物，具倾斜的横生根状茎，鳞茎簇生，近圆柱形；叶线形，基生，扁平，实心，比花莛短，边缘平滑；花莛圆柱状，常具2纵棱，下部被叶鞘；伞形花序，半球形或近球形，花白色；蒴果。

产地分布： 原产亚洲东部；作为食用植物广泛栽培，人工培育品种。

习性： 耐寒，耐热，喜阳，耐修剪，对土壤要求不严，但适宜于排水良好、肥沃、疏松的土壤环境。

成株生长发育节律： 在北京地区3月中旬萌动，花期7～9月份，种子成熟期9～10月份，绿期3月中旬至11月份。

繁殖栽培技术要点： 春季萌动或春季播种，在生长期适宜浇水施肥。

应用： 花境、丛植、地被和食用。

【蕨叶蓍】*Achillea filipendulina*

科属： 菊科蓍属。

植物学特征： 多年生草本；株高80～100 cm，茎直立；叶基生或互生，线状披针形，1～2回羽状裂，长20～25 cm，有柔毛，具芳香气味；头状花序，多数，密集成伞房状，花黄色；瘦果。

产地分布： 原产西亚地区；在我国北方地区有分布；常有栽培。

习性： 耐寒，耐热，喜阳也稍耐阴，对土壤要求不严，但适宜于排水良好、肥沃、疏松的土壤环境。

成株生长发育节律： 在北京地区3月中旬萌动，花期6～8月份，种子成熟期9～10月份，绿期3月中旬至12月上旬。

繁殖栽培技术要点： 春季萌动或秋季播种，在生长期适宜浇水施肥。

应用： 花境、地被和药用。

【千叶蓍】*Achillea millefolium* 又名羽衣草、锯齿草

科属： 菊科蓍属。

植物学特征： 多年生草本；株高40～80 cm，茎直立，有被白色柔毛；叶互生，披针形、长圆状披针形或近线形，无柄，2～3回羽状全裂，裂片线形，边缘锯齿状；头状花序，多数，密集成伞房状，舌状花紫红、粉红、白等色；瘦果。

产地分布： 原产亚洲、欧洲及美洲；我国西北、东北也有分布；常有栽培。

习性： 耐寒，耐热，喜阳也稍耐阴，对土壤要求不严，但适宜于排水良好、肥沃、疏松的土壤环境。

成株生长发育节律： 在北京地区3月中旬萌动，花期6～8月份，种子成熟期9～10月份，绿期3月中旬至12月份上旬。

繁殖栽培技术要点： 春季萌动或秋季播种，在生长期适宜浇水施肥。

应用： 花境、地被、药用和芳香。

【大花蓍草】*Achillea millefolium*

科属： 菊科蓍属。

植物学特征： 多年生草本；株高40～80cm，茎直立，常被白色柔毛；叶互生，披针形、长圆状披针形或近线形，无柄，2～3回羽状全裂，裂片线形，边缘锯齿状；头状花序，多数，密集成伞房状；花大，紫红和粉红色；瘦果。

产地分布： 原产亚洲、欧洲及美洲；我国西北、东北也有分布；人工培育品种，近几年引种栽培。

习性： 耐寒，耐热，喜阳也稍耐阴，对土壤要求不严，但适宜于排水良好、肥沃、疏松的土壤环境。

成株生长发育节律： 在北京地区3月中旬萌动，花期6～8月份，种子成熟期9～10月份，绿期3月中旬至12月上旬。

繁殖栽培技术要点： 春季萌动或秋季播种，在生长期适宜浇水施肥。

应用： 花境和地被。

【花叶香茶菜】*Plectranthus coleoides*

科属：唇形科香茶菜属。

植物学特征：多年生草本；株高30～60 cm，茎分枝，被短毛；叶卵圆形，绿色间有黄色斑块；圆锥花序，疏散；花淡红、紫色；小坚果。

产地分布：原产我国；人工培育品种，近几年引种栽培。

习性：耐热，喜阳又较耐阴，不耐寒，耐修剪，宜排水良好的土壤。

成株生长发育节律：北京地区4月下旬移栽室外，观赏期4月下旬至10月份；室内周年观赏。

繁殖栽培技术要点：早春播种，在生长期适宜浇水施肥。

应用：花坛、花境和盆栽。

【香茶菜】*Plectranthus* sp.

科属：唇形科香茶菜属。

植物学特征：多年生草本；株高30～60 cm，茎分枝，被短毛；叶卵圆形，银灰色；圆锥花序，疏散，花淡红、紫色；小坚果。

产地分布：原产我国，人工培育品种，近几年引种栽培。

习性：耐热，喜阳，不耐寒，耐修剪，宜排水良好的土壤。

成株生长发育节律：北京地区4月下旬移栽室外，观赏期4月下旬至10月份；室内周年观赏。

繁殖栽培技术要点：早春播种，在生长期适宜浇水施肥。

应用：花坛、花境和盆栽。

【花叶芦竹】*Arundo donax var.versicolor*

科属：禾本科芦竹属。

植物学特征：多年生草本；株高1.5～3.0m，具根茎，茎基部呈瘤状的萌芽，秆稍木质化，粗壮，茎上部的节常有分枝；叶鞘互相紧抱，叶鞘长于节间，叶片线状披针形，扁平，长30～60cm，宽2～5cm，除边缘外两面光滑无毛，叶片有黄白色宽狭不等的条纹，纵贯整条叶片，嫩叶时明显，随叶片老化，颜色逐渐变淡；圆锥花序，直立，长30～60cm，穗多，较紧密，每小穗2～4花；颖果。

产地分布：原产于我国，在长江中下游地区湖泊有变异野生植株，分布江苏、浙江、安徽等地；栽培已有20多年。

习性：适应性强，耐寒，耐热，喜阳，水湿，生长快，对土壤要求不严，但以富含有机质肥沃黏性湖塘泥为好。

成株生长发育节律：北京地区4月上旬萌动，花期7～11月份，种子败育，绿期4～11月份。

繁殖栽培技术要点：春季萌动或春季分株，在栽培中注意保持土壤湿润。

应用：花境、丛植、湿地、切花和药用。

【芒】*Miscanthus sinensis*

科属：禾本科芒属。

植物学特征：多年生草本；秆高100～200cm；叶条状披针形；圆锥花序，扇形，长5～40cm；总状花序长10～30cm。

产地分布：原产我国，分布南北各地；近几年引种栽培。

习性：适应性强，耐热，耐干旱瘠薄，喜阳又耐阴，耐修剪，自生繁衍能力强，对土壤要求不严。

成株生长发育节律：在北京地区3月中旬萌动，花期7～9月份，种子成熟期10～11月份，绿期3～11月份。

繁殖栽培技术要点：春季萌动或春季分株，栽培管理简易。

应用：花境、丛植、地被和药用。

【苔草】*Carex plantaginea*

科属： 莎草科苔草属。

植物学特征： 多年生草本；根状茎丛生；秆纤细，高20～40 cm，有三棱，粗糙；叶秆生，叶似枯色；花单生，小穗组成穗状花序；小坚果。

产地分布： 原产美洲；近几年引种栽培。

习性： 耐寒，喜阳，耐旱，耐瘠薄，宜富含腐殖质、肥沃的土壤。

成株生长发育节律： 在北京地区3月下旬萌动，花期6～8月份，果期7～9月份，绿期3月下旬至11月份。

繁殖栽培技术要点： 秋播，在生长期适宜浇水施肥。

应用： 花境和地被。

【玉带草】*Phalaris arundinacea var. picta*

又名丝带草

科属： 禾本科虉草属。

植物学特征： 多年生草本；秆高30～80 cm，丛生；叶扁平，线形，长20～40 cm，绿色间有白色条纹，质地柔软，形似玉带；圆锥花序，顶生，穗状，芒自外稃中部下处伸出，淡黄色。

产地分布： 原产北美、欧洲；在我国栽培有半个多世纪。

习性： 适应性强，耐寒，耐热，喜阳又耐半阴，耐旱，耐修剪，生长快，自繁殖系数高，耐瘠薄又喜肥，对土壤要求不严。

成株生长发育节律： 北京地区3月初萌动返青，花期5～6月份，种子成熟期6～8月份，结实率极低；绿期3～12月份。

繁殖栽培技术要点： 春季萌动或春秋季分株，栽培管理简易。

应用： 花坛、花境、丛植、地被和盆花。

【银边芒】*Miscanthus sinensis 'Variegeata'*

科属：禾本科芒属。

植物学特征：多年生草本；秆高40～80 cm；叶条状披针形，叶两边银色；圆锥花序，扇形；总状花序长。

产地分布：原产我国；人工培育品种，近几年引种栽培。

习性：耐热，耐干旱也耐湿，喜阳又耐阴，自生繁衍能力强，对土壤要求不严。

成株生长发育节律：在北京地区3月下旬萌动，花期7～9月份，种子成熟期10～11月份，绿期3～11月份。

繁殖栽培技术要点：春秋季分株，栽培管理简易。

应用：花境、丛植和湿地。

【狼尾草】*Pennisetum alopecuroides*

科属：禾本科狼尾草属。

植物学特征：多年生草本；秆细长丛生，高约100 cm；叶条形，狭长至50 cm，亮绿色；穗状圆锥花序，顶生，长5～20cm，主轴密生柔毛，银白色，完全花小穗通常单生于小秆顶端，其下为带紫红色雄花；颖果。

产地分布：原产我国，南北各地均有分布。

习性：耐寒，喜光，宜较干燥的土壤环境。

成株生长发育节律：北京地区在3月下旬萌动，花期6～8月份，绿期至12月上旬。

繁殖栽培技术要点： 春季播种或分株，在生长期适宜浇水施肥。

应用：花境、丛植、地被和药用。

【蓝羊茅】 *Festuca glauca*

科属：禾本科羊茅属。

植物学特征：多年生草本；秆密丛生，直立平滑，高20～40 cm，超出叶丛很多；叶片强内卷几成针状或毛发状，蓝色；圆锥花序，每小穗有3～6花；颖果。

产地分布：原产北温地区；近几年引种栽培。

习性：耐寒，喜阳，耐旱，耐瘠薄，不择土壤。

成株生长发育节律：在北京地区3月下旬萌动，花期6～8月份，果期7～9月份，绿期3月下旬至11月份。

繁殖栽培技术要点：秋播，在生长期适宜浇水施肥。

应用：花境和地被。

【血草】 *Imperata cylindrica*

科属：禾本科白茅属。

植物学特征：多年生草本；秆高50 cm；叶丛生；剑形，常保持深血红色；圆锥花序，顶生，穗状。

产地分布：原产美洲；人工培育品种，近几年引种栽培。

习性：耐寒，耐热，耐旱，喜阳又耐半阴，耐修剪，生长快，自繁殖系数高，耐瘠薄又喜肥，对土壤要求不严。

成株生长发育节律：北京地区3月中旬萌动返青，花期5～6月份，种子成熟期6～8月份，结实率极低；绿期3～12月份。

繁殖栽培技术要点：春、秋季分株，栽培管理简易。

应用：花境、丛植和地被。

【金叶过路黄】 *Lysimachia nummularia'Aurea'*

科属： 报春花科珍珠叶属。

植物学特征： 多年生常绿草本；株高10cm左右，茎匍匐生长；叶互生，长卵圆形，金黄色；聚伞花序，腋生，花黄绿色；核果。

产地分布： 原产欧洲；在长江流域常有栽培。

习性： 耐热，喜阳，耐高温高湿，耐贫瘠土壤，耐修剪，生长快，不耐寒，对土壤要求不严。

成株生长发育节律： 在北京地区小气候条件下能越冬，3月下旬萌动，花期6～7月份，绿期至霜降。

繁殖栽培技术要点： 春季萌动或冬春扦插，栽培管理简易。

应用： 花境和地被。

【绵毛水苏】*Staehys lanata*

科属：唇形科水苏属。

植物学特征：多年生草本；株高30～45 cm，茎直立；叶柔软，对生，基部叶为长圆状匙形，茎上部叶椭圆形，枝与叶被白色绵毛，叶为银灰色；轮伞花序，花冠筒长形，花粉、紫色；小坚果。

产地分布：原产亚洲西南一带及土耳其；早已引种栽培。

习性：耐热，耐旱，喜阳也耐半阴，耐寒性较差，宜富含腐殖质、肥沃的土壤。

成株生长发育节律：北京4月上旬萌动，花期6～9月份，果期9～10月份，绿期4月上旬至10月份。

繁殖栽培技术要点：春季萌动或播种，在生长期适宜浇水施肥。

应用：花坛、花境和盆花。

【到手香】*Pogostemon cablin*　又名印度薄荷、霍香、左手香

科属：唇形科刺蕊草属。

植物学特征：多年生草本；株高15～30cm，全株密被粗毛，肉质，枝叶具特殊香味；叶对生，肥厚，心形或阔卵形，先端短尖，基部钝形，中肋粗显背凸，网状脉，边缘粗锯齿；穗状花序，顶生或腋生；小花唇形，淡紫色；坚果。

产地分布：原产菲律宾、马来西亚、印度；近几年引种栽培。

习性：耐热，喜阳又耐阴，耐旱，生长快，适宜疏松肥沃腐质土或沙质壤土和排水良好的条件。

成株生长发育节律：在北京地区保护地条件下，四季常绿。

繁殖栽培技术要点：春、秋季扦插，在生长期适宜浇水施肥。

应用：花坛、花境、地被、盆花和药用。

【吊竹梅】*Zebrina pendula*

科属：鸭跖草科鸭跖草属。

植物学特征：多年生草本；茎匍匐，多分枝，疏生毛；叶卵形或长椭圆形，先端渐尖，具紫及白色条纹，背面红色，叶鞘上、下两端均有毛；花簇生于2个无柄的苞片内，萼管与花冠管白色，花被裂片玫瑰色；蒴果。

产地分布：原产墨西哥；在我国栽培已有半个多世纪。

习性：耐热，喜阳也耐阴，耐修剪，适宜于排水良好、肥沃、疏松的土壤环境。

成株生长发育节律：在北京地区日光温室内，四季常绿，花期6～7月份，种子自然结实率低。

繁殖栽培技术要点：可四季扦插繁殖，在生长期适宜浇水施肥。

应用：花境、垂吊装饰和药用。

【莲子草】*Alternanthera sessilis*

科属：苋科莲子草属。

植物学特征：多年生常绿草本，常作一、二年生栽培；株高30～50 cm，茎上升，多分枝，具纵沟，沟内有柔毛，在节处有1行横生柔毛；茎叶均为紫色；叶对生，条状披针形或倒卵状矩圆形，全缘或具不明显锯齿；头状花序一至多个，腋生，无总梗，花被片白色；胞果。

产地分布：原产我国华中、西南等地；近几年北京引种栽培。

习性：适应性强，耐热，喜阳，耐高温高湿，耐干旱，也稍耐阴，耐修剪，不耐寒，对土壤要求不严。

成株生长发育节律：北京地区在日光温室可周年观赏，晚秋开花，冬季种子成熟；或春季播种，4月下旬种植绿地，观叶至11月份。

繁殖栽培技术要点：冬春扦插，在栽培中保持土壤湿润。

应用：花坛、花境、丛植、地被、盆花和药用。

紫叶薯

金叶薯

【金叶薯】【花叶薯】【紫叶薯】

Ipomoea batatas (Ipomoea batatas var. 'Aurea') (Ipomoea batatas 'Purparea') (Ipomoea batatas 'Variegata')

科属：旋花科甘薯属。

植物学特征：多年生草质藤本；光滑或稍被毛，有乳汁，茎粗壮，匍匐地面而生不定根；块根小或须状，白色；叶互生，宽卵形或心状卵形，长6～12 cm，全缘或分裂，顶端渐尖，基部截形至心形，叶有金黄色、紫色和花色；聚伞花序，腋生，花冠钟状漏斗形，蓝白色；蒴果。

产地分布：原产美洲中部；金叶薯、花叶薯和紫叶薯是从甘薯变异中选育出来的；近几年栽培应用。

习性：适应性强，耐热，喜阳，耐高温高湿，耐贫瘠土壤，耐修剪，生长快，不耐寒，对土壤要求不严。

成株生长发育节律：在北京地区4月下旬栽培，观叶期至霜降；在温室可周年观赏，3～5月份开花。

繁殖栽培技术要点：四季扦插，栽培管理简易。

应用：花坛、花境、垂直、盆花、食用和饲料。

花叶薯

【红苋】*Iresine herbstii*

科属：苋科血苋属。

植物学特征：多年生常绿草本，常作一、二年生栽培；株高15～30cm，茎上升或匍匐状生长，多分枝；茎叶均为紫红色；叶对生，广卵形至圆形，全缘；伞房花序，顶生或腋生，花小，淡褐色；胞果。

产地分布：原产南美洲；近几年引种栽培。

习性：适应性强，耐热性强，耐高温高湿，耐干旱，喜阳，也稍耐阴，耐修剪，不耐寒，对土壤要求不严。

成株生长发育节律：北京地区在日光温室可周年观赏，晚秋开花，种子不能自然结实；或春季播种，4月下旬种植绿地，观叶至11月份。

繁殖栽培技术要点：春季播种或扦插，在生长期适宜浇水施肥。

应用：花坛、丛植、花境和盆花。

【五色草】*Alternanthera bettzickiana* 又名锦绣苋

科属：苋科莲子草属。

植物学特征：多年生草本，常作一年生栽培，茎直立或基部匍匐，多分枝，上部四棱形，下部圆柱形，两侧各有一纵沟，在顶端和节部有贴生柔毛；叶长圆形、长圆状倒卵形或匙形，先端急尖或圆钝，具凸尖，基部渐狭，边缘皱波状，绿色、红色或部分绿色杂以红色或黄色斑纹；头状花序，顶生或腋生，花白色；果实不发育。

产地分布：原产巴西；世界各地均有栽培。

习性：夏季喜凉爽气候，冬季要求温暖，生长期要求阳光充足、土壤湿润、排水良好。

成株生长发育节律：在北京地区温室条件下栽培四季常绿。

繁殖栽培技术要点：冬春夏季扦插，栽培管理简易。

应用：造型。

【美人蕉】*Canna generalis*

科属：美人蕉科美人蕉属。

植物学特征：多年生球根草本；常作一、二年生栽培；株高100～150cm，直立，有粗壮的根状茎；叶互生，质厚，卵状长椭圆形，下部较大，长30～40 cm，全缘，顶端尖，基部阔楔形，中脉明显，侧脉羽状平行，叶柄有鞘，有的品种叶为黄白色；总状花序，顶生，具蜡质白毛，自茎顶抽出，花红、黄色，倒披针形；蒴果。

产地分布：原产美洲热带地区；在我国热带地区也有野生分布；栽培历史悠久。

习性：适应性强，耐热，喜阳，生长旺盛，耐水湿，耐寒性差，宜湿润、肥沃的深厚土壤。在北京深秋将地下球根挖起，窖内越冬，或埋到深坑里，上部用草帘覆盖上，翌年再种。

成株生长发育节律：北京地区在春季分球根种植，6～10月份开花，种子不能自然结实。

繁殖栽培技术要点：块根繁殖，春季种植，在栽培中保持土壤湿润。

应用：花坛、花境、丛植、盆花和药用。

紫叶美人蕉

花叶美人蕉

【魁蓟】*Cirsium leo*

科属：菊科蓟属。

植物学特征：多年生草本；茎直立，株高100～150cm，多分枝，有纵条棱，被皱缩毛；茎生叶无柄，披针形至宽披针形，长15～30cm，宽5～10cm，顶端尖，基部稍抱茎，边缘有小刺，羽状浅裂至深裂，裂片卵状三角形，具刺，两面被皱缩毛，脉上毛较密；头状花序单生枝顶，花冠紫色，长2.5cm；瘦果。

产地分布：原产我国，分布华北、西北及西南等地区；近几年引种栽培。

习性：适应性强，耐寒，耐热，喜阳又稍耐阴，生长快，自生繁衍能力强，观叶效果好，宜疏松、肥沃、排水良好的土壤条件。

成株生长发育节律：北京地区4月萌动或播种，花期6～8月份，果期7～9月份，绿期4～11月份。

繁殖栽培技术要点：春季萌动或春季播种，栽培管理简易。

应用：花坛、花境、丛植和药用。

【芋头】*Colocasia esculenta*

科属：天南星科芋属。

植物学特征：多年生块茎草本；块茎成卵形或椭圆形，常生多数小鳞茎，均含丰富的淀粉；叶基生，2～3片或更多，叶柄长于叶片，绿色，卵形，盾状着生；花序柄常单生，佛焰苞长短不一，淡黄色或绿白色，肉穗花序，长约10cm，短于佛焰苞，雄花黄色；浆果。

产地分布：原产我国及印度、马来半岛等热带地区；在我国南方主要作食用作物栽培。

习性：喜温暖水湿和充足的阳光，不耐霜寒，水不宜过深，生长快。

成株生长发育节律：北京地区春季种植块茎，绿期5～10月份。

繁殖栽培技术要点：春季种块茎，栽培管理简易。

应用：陆地或湿地丛植、片植和食用。

【地涌金莲】*Musella lasiocarpa* 又名地金莲、地涌莲

科属：芭蕉科地涌金莲属。

植物学特征：多年生常绿草本；株高50～80cm，植株丛生，具水平生长的匍匐茎；假茎矮小，基径约15cm，基部有宿存的去年的叶鞘；叶长椭圆形，长约50cm，宽约20cm，顶端锐尖，基部近圆形，对称，有白粉；花序莲座状，生于假茎上，密集，长20～30cm，苞片黄色，有花2列，每列4～5个，合生花被卵圆状矩圆形；浆果。

产地分布：原产我国，主要分布于云南中西部；热带地区常有栽培；北京新引种栽培。

习性：耐热，喜阳，不耐寒，宜湿润和排水良好、肥沃而疏松的土壤生长，花型奇特，花期长达200多天；温度适宜四季开花。

成株生长发育节律：在北京地区4月下旬种植园林绿地，可控花期5～10月份，自然条件下种子成熟结实率极低。

繁殖栽培技术要点：分株繁殖，在雨季排水防涝。

应用：花坛或花境点缀和药用。

【彩色马蹄莲】*Zantedeschia* cvs.

科属： 天南星科马蹄莲属。

植物学特征： 多年生草本；具肥大的肉质块茎，株高50～80 cm；叶基生，柄长，叶大，全缘，亮绿色；肉穗花序，直立于佛焰苞中央，佛焰苞似马蹄状，花有黄、红、粉和紫等色；浆果。

产地分布： 原产非洲；在我国以温室栽培为主；人工培育品种繁多。

习性： 喜温暖、湿润和疏阴的环境，不耐旱，不耐寒，宜富含腐殖质的肥沃土壤。

成株生长发育节律： 环境适中，可促控周年开花。

繁殖栽培技术要点： 夏初种植种球或组培，在生长期适宜浇水施肥。

应用： 花坛、丛植、盆花和切花。

【朱顶红】*Hippeastrun vittatum*

科属： 石蒜科孤挺花属。

植物学特征： 多年生球根类草本；有肥大的球状鳞茎，肉质须根系；叶2列对生，宽条带状，先端钝尖，较厚，长25～35 cm，宽3～4 cm；伞形花序，花葶自鳞茎中央抽出，粗壮而中空，高出叶丛，顶端着生2～6朵，两两对生，花大，呈喇叭状，上口直径10～15 cm，有红、粉等多种颜色；蒴果。

产地分布： 原产秘鲁；在我国引种栽培半个多世纪；北方地区以温室栽培为主。

习性： 喜温暖、湿润，不耐寒，宜富含腐殖质的肥沃土壤。

成株生长发育节律： 环境适中，可周年促控开花。

繁殖栽培技术要点： 夏初种植种球，在生长期适宜浇水施肥。

应用： 花坛、丛植、盆花和切花。

【紫甘蔗】*Erianthus rufipilus*

科属：禾本科甘蔗属。

植物学特征：多年生块茎草本；秆粗壮，株高200～400 cm，秆径约5 cm，紫红色；叶片阔而长，宽2.5～5 cm，长50～100 cm，叶脉紫色；圆锥花序，白色，大形，长40～80cm，总状花序多节。

产地分布：在我国热带及温暖地区作为重要制糖原料及食用植物广泛栽培；新引种栽培。

习性：喜炎热，不耐寒，宜肥沃、疏松的沙质壤土，生长快，紫红色茎秆观赏效果极佳。

成株生长发育节律：在北京地区4月下旬种植园林绿地中，绿期4～10月份；10月份后砍伐食用。

繁殖栽培技术要点：早春茎繁，在栽培中注意保持土壤湿润。

应用：花境、丛植、食用和糖料。

【晚香玉】*Polianthes tuberosa* **又名夜来香、月下香**

科属：石蒜科晚香玉属。

植物学特征：多年生球根类草本；地下部分为鳞茎状块茎(上部为鳞茎，下部为块茎)，形圆似洋葱和蒜头；基生叶，带状披针形，基生叶越向上越短，全缘；总状花序，顶生，有10～20朵，花蕾呈紫粉色，花开放呈漏斗状，白色，浓香，夜晚香味更浓，花期长，自下而上陆续开放；浆果。

产地分布：原产墨西哥及南美洲，温带地区分布广泛；常用作切花栽培。

习性：耐热，喜温暖湿润、阳光充足的环境，不耐寒，忌积水，要求肥沃、疏松的土壤，温度适宜四季开花。

成株生长发育节律：在北京地区4月下旬种植，花期7～10月份，自然条件下种子成熟结实率低，绿期5～10月份。

繁殖栽培技术要点：春季种植种球，在生长期适宜浇水施肥。

应用：花坛、丛植、切花和芳香。

【龙翅海棠】*Begonia ×pendula*

科属：秋海棠科秋海棠属。

植物学特征：多年生肉质草本；茎细弱，匍匐下垂，长60～90 cm，全株光滑，多分枝；叶互生，斜椭圆状卵形，先端尖，缘波状；叶鞘肉质，盾形，全缘；聚伞花序，花单性，花红色；蒴果。

产地分布：原产南美巴西；近几年引种栽培。

习性：喜温暖、湿润和半阴环境，耐热较强，不耐寒，怕干燥和积水，耐修剪，宜疏松肥沃排水良好的土壤条件；耐修剪，可四季开花。

成株生长发育节律：北京地区4月下旬至10月中旬在户外用于垂直绿化；15～35℃四季开花。

繁殖栽培技术要点：春季播种或组培，在生长期适宜浇水施肥。

应用：盆栽和垂直绿化。

白雪花

【蓝雪花】*Plumbago auriculata*

科属：蓝雪科蓝雪花属。

植物学特征：常绿小灌木；株高60～100 cm，棱具棱槽，幼时茎直立，成株蔓生；单叶互生，矩圆珠笔形或矩圆状卵形，顶端钝而有小尖头，基部楔形；穗状花序顶生或腋生，花冠高脚蝶状，浅蓝色；蒴果。

白雪花（*P.zeylanica*）。

产地分布：原产南部非洲；近几年引种栽培。

习性：性喜温暖，不耐寒，较耐阴，耐湿，在肥沃的沙质壤土中生长繁茂。

成株生长发育节律：在北京地区温室内四季常绿，5月份移栽室外，花期6～9月份，自然结实率极低。

繁殖栽培技术要点：春季扦插，在生长期适宜浇水施肥。

应用：花坛、丛植、花境和盆花。

【金鱼藤】*Clumnea hirta*

科属：苦苣苔科金鱼藤属。

植物学特征：常绿藤本草本；具附生性，节上有气生根；叶对生，卵圆形，深绿色，叶革质；聚伞花序，花大，红色，长约8cm，有上、下两唇，花冠筒部圆柱形；蒴果。

产地分布：原产哥斯达黎加；近几年引种栽培。

习性：不耐寒，耐半阴，生长快，宜排水良好的土壤。

成株生长发育节律：北京地区4月下旬至10月中旬在户外用于垂直绿化；夏、秋季开花。

繁殖栽培技术要点：春季播种，在生长期适宜浇水施肥。

应用：地被和垂直绿化。

【马蹄金】*Dichondra repens*

科属：旋花科马蹄金属。

植物学特征：常绿草质藤本；茎匍匐地面，节上生根被短柔毛；叶互生，心形或肾形，全缘；花单生叶腋，小形，黄色，花冠钟形；蒴果。

产地分布：原产我国，分布于江南、西南、华南等地区。

习性：不耐寒，喜阴或半阴，生长快，宜排水良好的土壤。

成株生长发育节律：北京地区5～10月中旬作地被栽培或用于垂直绿化，夏季开花。

繁殖栽培技术要点：春季播种，在生长期适宜浇水施肥。

应用：地被和垂直绿化。

【蔓生天竺葵】 *Pelargonium peltatum*

科属： 牻牛儿草苗科天竺葵属。

植物学特征： 多年生草本；茎肉质，植株成匍匐状生长，长50～80 cm ，老茎木质化，多分枝，多汁，全株密被细白毛，具特殊气味；叶互生，圆形至肾形，基部心脏形，边缘具波状钝浅齿，表面或有较明显暗红马蹄形环纹；伞形花序，顶生，有长梗，小花数朵至数十朵，有深红、大红、桃红、玫红、洋红、白等色；蒴果。

产地分布： 原产非洲南部；世界各地普遍栽培；在我国栽培已有半个多世纪。

习性： 适应性较强，耐旱怕涝，喜阳光充足、温暖湿润气候及肥沃疏松土壤，炎热高温对生长不利，耐修剪，花期长。

成株生长发育节律： 北京地区4月下旬至10月中旬在户外用于垂直绿化；15～35℃四季开花。

繁殖栽培技术要点： 春季播种或组培，在生长期适宜浇水施肥。

应用： 盆栽和垂直绿化。

【天竺葵】*Pelargonium hortorum* 又名绣球花、洋绣球

科属： 牻牛儿草苗科牻牛儿草苗属。

植物学特征： 常绿亚灌木；作多年生栽培，株高20～50 cm，茎肉质，基部木质，多分枝，直立或半蔓生，有细毛和腺毛；叶互生，圆肾形，基部心脏形，波状浅裂，具不规则的锯齿上面有暗红色马蹄形环纹；伞形花序顶生，花柄长2～4 cm，小花数朵至数十朵，有深红、大红、桃红、玫红、洋红或白等花色；蒴果。

产地分布： 原产非洲南部；在我国栽培已有近半个世纪；人工培育品种繁多。

习性： 喜阳和凉爽气候，耐热较强，稍耐旱，忌水湿，不耐寒，耐修剪，宜疏松肥沃排水良好的土壤条件，在高温高湿条件下生长不良。

成株生长发育节律： 在北京地区5月应用于花坛和花境等绿地，至霜降前开花陆续不断；种子不能自然结实；修剪到现蕾开花30～40天。

繁殖栽培技术要点： 春季萌动或秋播或扦插，一次或多次修剪，栽培管理简易。

应用： 花境、丛植和盆花。

【萝藦】*Metaplexis japonica*

科属： 萝藦科萝藦属。

植物学特征： 多年生草质藤本；有根状茎，具乳汁，茎圆柱形，下部木质化，上部较韧；叶对生，宽卵形或长圆形，全缘，先端短渐尖，基部心形，上面绿色；总状聚伞花序，腋生或腋外生，花多朵，有强烈的气味，花冠钟状，白色带紫红色斑纹，裂片里面有毛；蓇葖果，双生，纺锤形，长8～10cm，直径2～3cm，表面有瘤状突起；种子扁平，卵形。

产地分布： 原产我国，分布于东北、华北、西北、西南和华中等地，生于低山荒地、山坡、河岸、路边、沟边、林缘及灌丛中；近几年引种栽培。

习性： 适应性强，耐寒，耐热，耐干旱，耐瘠薄土壤，喜阳又稍耐阴，生长快，花期和果期长，自生繁衍能力强。

成株生长发育节律： 北京地区自播种子4月份萌动或4月份播种，花期6～8月份，果期7～9月份，绿期4～11月份。

繁殖栽培技术要点： 春季萌动或春季播种，栽培管理简易。

应用： 地被、垂直和药用。

第三部分

阴生花卉

【玉簪】*Hosta plantaginea* 又名玉春棒

科属：百合科玉簪属。

植物学特征：多年生草本；根状茎粗大；叶大，基生成丛，卵形至心状卵形，先端近渐尖，基部心形，叶缘波状，具长柄；总状花序，顶生，高出叶面，花莛上具9～15朵花，花被筒长漏斗状，形似簪，白色，具浓香气；蒴果。

紫萼(*Hosta ventricosa*)：叶卵状心形、卵形至卵圆形，先端急尖，基部心形或近截形，花莛上具10～30朵花，花紫色。

园艺品种：万魏玉簪(*H.Van Wade*)：春季叶片深绿色，边缘乳黄色，叶卵形，先端短尖；夏季叶片浅绿色，边缘黄色、不规则，常有黄条纹沿叶脉方向伸入叶心的现象，叶形变狭，叶脉7～8对，花淡紫色。

爱国者玉簪(*H.Patriot*)：叶蓝堇色，叶缘白边，叶脉8对。

洒黄边玉簪(*H.Yellow Splash Rim*)：幼株叶狭长，成株呈长卵形，绿叶黄边（初生时白边、后逐渐变黄），叶脉5对，夏季开漏斗形紫花。

北方之光玉簪(*H.Northen Exposure*)：属大型玉簪，叶大而厚，蓝绿色，叶脉14～15对，边缘波状，有乳黄色不规则花纹，入夏以后黄色变白。

雪白玉簪(*H.Snow White*)：叶形奇特，边缘波状而先端扭曲，叶色白绿，边缘黄绿，在玉簪品种中少见。

山中脊玉簪(*H.Middle Ridge*)：叶卵状心形，中部白色，两侧夹杂黄绿、绿色及深绿色不规则条纹，形成别致的花叶品种，叶缘稍有波状，叶脉9对，叶先端反卷，开漏斗形紫花。

中西部之王玉簪(*H.Midweast Majesty*)：叶卵状心形，叶色黄绿，叶缘深绿色，不规则，有时条纹状伸入黄绿色中心，叶脉8对，花朵钟形紫色。

八月美女玉簪(*H.August Beauty*)：属小型玉簪，株高仅25 cm，春季叶卵形，稍有泡状突起，夏季叶渐变成披针形，先端渐尖，基部下延。春季叶深绿色，黄边不规则，交界处条纹交叉，夏季绿色变淡，与黄边对比稍差，叶脉6～7对，开淡紫色漏斗形花。

哥仑布之旅玉簪(*H.Columbus Cirele*)：属大型玉簪，株高65 cm，叶片心形，叶脉10～11对，幼株叶长卵状心形，绿叶有明显的宽乳白边，不太规则，花茎上生长有叶，与根基部出叶相同，立体效果好，叶缘白色，花白色。

小妖精玉簪(*H.Spritzer*)：叶卵状披针形，先端细尖平展，黄绿色，叶脉5对，叶缘有波状起伏，有绿色及暗绿色条纹，夏季开漏斗形紫花。

月光失色玉簪(*H.Lunar Elipse*)：叶淡黄绿色，如月光洒地，叶缘白色，春季幼叶格外鲜丽，夏季叶色更黄，叶呈心形，叶脉9对，夏季开紫白花。

金旗玉簪(*H.Gold Standard*)：叶黄绿色，卵状心形，叶缘有不规则的绿色，黄绿交界处有许多绿条纹沿叶脉伸展，长短交错，叶脉8对，夏季开漏斗形紫花。

黄边山地玉簪(*H.Aureomarginata*)：原产于日本，幼株叶为长卵形，先端细尖下垂，成株叶片心形，基部下延，叶草绿色，有不规则黄边，向心叶扩展，呈条纹状，叶脉8～10对。

旋饵玉簪(*H.Pinners*)：幼株叶狭心形，成株变成卵形，白边，后变黄色，生长势强，夏季开漏斗形紫花。

李欧拉玉簪(*H.Leola Fraim*)：叶心形，绿色，叶缘有不规则的黄白边，叶面较粗皱，叶脉11对，夏季开漏斗形紫花。

狭叶玉簪(*H.lancifolia*)、**白萼**(*H.undulant*)、**叶蓝灰色玉簪**(*Love Pat*)、**叶中部黄色玉簪**(*Gold Stantard*)、**墨绿色叶白边玉簪**(*France*)、**墨绿色叶白黄边玉簪**(*Fringe Benefir*)、**波缘玉簪**(*H.undulata*)、**蓝粉玉簪**(*H.sieboldiana*)、**高丛玉簪**(*H.fortunei*)等，这些品种叶面上带有白色、乳色、金黄色等水渍状、斑点状或条纹状的色块，有些还会闪闪发光。

产地分布：原产我国及日本，生于山坡林下；广泛栽培。

习性：适应性强，耐寒，耐阴，喜阴湿，忌强光直射，在浓阴通风处生长茂盛，喜土层深厚、肥沃湿润、排水良好的沙质土壤。

成株生长发育节律：北京地区3月下旬萌动，花期6～8月份，果期9～10月份，自然结实率低，绿期3月下旬至11月份。

繁殖栽培技术要点：春季萌动或春季分株或组培，栽培管理简易。

应用：林荫下丛植、片植、地被、盆花和药用。

【狭苞橐吾】*Ligularia intermedia*

科属：菊科橐吾属。

植物学特征：多年生花卉；株高40～80 cm，茎直立，上部被蛛丝状毛；基生叶有长柄，柄长20～40 cm；叶片肾状心形或心形，长达19 cm，宽21 cm，边缘有细锯齿，顶端圆形或稍有小尖头，基部有圆耳，掌状叶脉，两面无毛；茎生叶渐小，有渐短而下部鞘状抱茎的短柄，上部叶渐转变为披针形或线形苞叶；总苞圆柱形；花黄色；瘦果。

产地分布：原产分布东北、华北、西北、华中和华东等地区；近几年引种栽培。

习性：耐寒，喜阳，喜凉爽湿润环境。

成株生长发育节律：北京地区4月上旬萌动，花期6～8月份，种子成熟期8～9月份，绿期4～11月份。

繁殖栽培技术要点：春季播种或种子自播，在生长期适宜浇水施肥。

应用：花境、半林荫下和药用。

【北乌头】*Aconitum kusnezoffii*

科属：毛茛科乌头属。

植物学特征：多年生草本；块根倒圆锥形；株高80～120 cm，茎直立；基生叶有长柄，叶片五角形，掌状三全裂，基部心形，中央裂片菱形，近羽状深裂，小裂片披针形，侧全裂片斜扇形，不等二深裂；花序总状或圆锥状，顶生；花深蓝色；蓇葖果。

产地分布：原产我国，分布东北和华北等地区；近几年引种栽培。

习性：耐寒，喜阳，喜凉爽湿润环境。

成株生长发育节律：北京地区4月上旬萌动，花期8～9月份，种子成熟期9～10月份，绿期4～11月份。

繁殖栽培技术要点：秋季播种或种子自播，在生长期适宜浇水施肥。

应用：花境、半林荫下和药用。

【荚果蕨】*Matteuccia struthiopteris*

科属：球子蕨科荚果蕨属。

植物学特征：多年生草本；根状茎短，直立，被棕色膜质披针形鳞片；叶二型，丛生成莲座状；叶披针形、倒披针形或长椭圆形，长30～60 cm，宽15～25 cm，2回羽状深裂，羽叶40～60对，互生，线状披针形至三角状耳形，裂片长圆形，先端钝，边缘具波状圆齿或两侧基部全缘；叶脉羽状，分离；叶草质，羽轴和主脉多少被有柔毛；孢子叶的叶片为狭倒披针形，一回羽状，羽片两侧向背面反卷成荚果状，深褐色；孢子囊群圆形，具膜质囊群盖。

产地分布：原产我国，分布东北、华北、西北等地；生于林下潮湿或山谷阴湿处；近几年引种栽培。

习性：耐寒，耐阴，喜阴湿，忌强光直射，在浓阴通风处生长茂盛，喜土层深厚、肥沃湿润、排水良好的沙质土壤。

成株生长发育节律：北京地区4月上旬萌动，孢子形成期6～8月份，绿期4月上旬至10月份。

繁殖栽培技术要点：春季萌动或分株或孢子繁殖，栽培管理简易。

应用：林荫下丛植、片植、地被和盆花。

【华北鳞毛蕨】*Dryopteris laeta*

科属：中国蕨科鳞毛蕨属。

植物学特征：多年生草本；根状茎短粗而横走，被棕褐色的披针形鳞片；叶丛生，叶柄除基部外几乎无毛，叶片卵状广椭圆形，3回羽状分裂，基部略变狭；小羽片基部不对称，边缘深羽裂，裂片顶端具2～3个尖齿，侧脉羽状分叉；孢子囊群近圆形，着生于侧脉上，排成两行；囊群盖圆肾形，边缘具齿，一侧弯缺。

产地分布：原产我国，分布东北、华北、西北等地；生于林下潮湿或山谷阴湿处；近几年引种栽培。

习性：耐寒，耐阴，喜阴湿，忌强光直射，在浓阴通风处生长茂盛，喜土层深厚、肥沃湿润、排水良好的沙质土壤。

成株生长发育节律：北京地区4月上旬萌动，孢子形成期6～8月份，绿期4月上旬至10月份。

繁殖栽培技术要点：春季萌动或分株或孢子繁殖，栽培管理简易。

应用：林荫下丛植、片植、地被和盆花。

【蛇莓】*Duchesnea indica*，又名三爪凤、蛇泡草、龙吐珠

科属：蔷薇科蛇莓属。

植物学特征：多年生草本；具长匍匐茎，被柔毛；羽状复叶，具三小叶，倒卵形或菱状长圆形，先端稍钝，边缘具钝齿，叶柄长5～12cm；花单生于叶腋，黄色；瘦果，红色。

产地分布：原产我国，分布辽宁以南各省区，日本、欧洲、美洲也有分布；近几年引种栽培。

习性：适应性强，耐寒，耐热，喜阳又耐阴，耐旱又耐湿，耐瘠薄土壤，生长快，覆盖地表快，自生繁衍能力强。

成株生长发育节律：北京地区3月上旬萌动，花期4～6月份，果期5～10月份，绿期3月份至12月上旬。

繁殖栽培技术要点：春季萌动或不定根分株繁殖，栽培管理简易。

应用：花境、地被（包括林荫下）和药用。

【沙参】*Adenophora tetraphylla*

科属：桔梗科沙参属。

植物学特征：多年生草本；根粗壮，株高80～120cm，茎直立，上部多分枝；叶4～6片轮生，狭卵形或披针形，叶缘具不整齐锯齿；花序圆锥状，花枝轮生；花长2～2.5cm，蓝色，钟状下垂；蒴果。

产地分布：原产我国，在全国各地均有分布；越南、朝鲜、苏联和日本也有。

习性：耐寒，喜阳，耐半阴，喜疏松、肥沃湿润的土壤。

成株生长发育节律：在北京地区3月下旬萌动，花期7～9月份，种子成熟期10～11月份，绿期3～11月份。

繁殖栽培技术要点：秋季播种或春季分株，在生长期适宜浇水施肥。

应用：花境、地被和药用。

白花地丁

【紫花地丁】 *Viola yedoensis*

科属： 堇菜科堇菜属。

植物学特征： 多年生草本；地上无茎，根茎粗短；叶基生，舌状、长圆形或长圆状披针形，先端钝，基部截形或楔形，叶缘具圆齿，上中部尤为明显；小苞片生花梗中部，花紫堇色、紫色和粉色；蒴果。

产地分布： 原产我国，分布东北、华北、西北等地；生于路旁、山坡草地和荒山等处；近几年引种栽培。

习性： 适应性强，耐寒，耐热，喜阳又耐阴，耐旱又耐湿，耐瘠薄土壤，自生繁衍能力强。

成株生长发育节律： 北京地区3月上旬萌动，花期3月下旬至5月上旬，在晚秋也有个别开花现象，果期4月下旬至5月份，绿期3月份至12月上旬。

繁殖栽培技术要点： 春季萌动或秋季播种，栽培管理简易。

应用： 花境、地被（包括林荫下）和药用。

【紫露草】 *Tradescantia reflexa*

科属： 鸭跖草科紫露草属。

植物学特征： 多年生草本；株高30～50 cm，茎直立，光滑，苍绿色，簇生；叶线形，淡绿色，长15～30 cm，多弯曲，基部具叶鞘；花多朵簇生于枝顶成伞形，托以2个长短不等的苞片，苞片长10～20 cm，花柄细，光滑或微被疏毛，花蓝紫色；蒴果。

产地分布： 原产北美；引种栽培有30多年。

习性： 适应性强，耐寒，耐热，喜阳又耐阴，在树荫下能正常开花，喜肥沃湿润、排水良好的沙质土壤。

成株生长发育节律： 北京地区4月上旬萌动，花期6～10月份，种子败育，绿期4～11月份。

繁殖栽培技术要点： 春季萌动或春季分株，在栽培中注意保持土壤湿润。

应用： 花境、丛植和地被（林荫下）。

【连钱草】*Glechoma longituba* 又名活血丹

科属：唇形科活血丹属。

植物学特征：多年生草本；具匍匐茎，节上生根，茎四棱形，基部通常呈紫红色；叶心形、圆形或近肾形，先端圆头，叶基心形，边缘具粗钝齿；轮伞花序，通常2花，花紫色；小坚果。

产地分布：原产我国，分布于青海、新疆、甘肃之外的全国各地；20世纪80年代中期引种栽培。

习性：适应性强，耐寒，耐热，喜阳又耐阴，耐旱又耐湿，耐瘠薄土壤，生长快，覆盖地表快，自生繁衍能力强。

成株生长发育节律：北京地区3月上旬萌动，花期3月下旬至5月上旬，在晚秋也有个别开花现象，果期4月下旬至5月份，绿期3月份至12月上旬。

繁殖栽培技术要点：春季萌动或不定根分株繁殖或扦插，栽培管理简易。

应用：花境、地被（包括林荫下）和药用。

【花叶芋】*Caladium bicolor*

科属：天南星科花叶芋属。

植物学特征：多年生块茎草本；块茎扁圆形、黄色，株高40～60 cm；叶基生，心形，长30 cm，叶柄长为叶的3～7倍；叶有各复色或具各色斑点；佛焰苞外绿色，里面粉绿色，喉部带紫，苞片锐尖，顶部褐白色；浆果。

产地分布：原产西印度群岛至巴西；在我国栽培有20多年。

习性：喜高温、高湿、半阴，不耐寒，要求土壤疏松、肥沃、排水良好。

成株生长发育节律：北京地区春季种植块茎，绿期5～9月份。

繁殖栽培技术要点：春季种块茎，在栽培中注意保持土壤湿润。

应用：丛植、片植和盆花。

【常春藤】*Hedera helix* 又名长春藤

科属：五加科常春藤属。

植物学特征：常绿藤本草本；借气生根攀缘；叶革质，互生，在营养枝上的叶具掌状3～5浅裂，长4～10 cm，上面暗绿色，脉常为黄白色，叶背苍绿色；在生殖枝上的叶为卵形至菱形，全缘；总状花序，小花球形，花黄白色；浆果。

产地分布：原产欧洲，分布欧洲、亚洲和非洲；北京以南地区露地均有栽培。

习性：耐寒稍差，在北京地区小气候条件下能正常越冬，耐热，耐阴也喜阳，耐湿，生长快，对土壤要求不严。

成株生长发育节律：在北京地区小气候条件下四季常绿，花期7～8月份，种子败育。

繁殖栽培技术要点：四季扦插，在生长期适宜浇水施肥。

应用：地被、垂直绿化和药用。

第四部分

木本花卉

丰花月季

【月季】*Rosa chinesis*

科属：蔷薇科蔷薇属。

植物学特征：常绿或落叶灌木；小枝具钩状而基部膨大的皮刺，无毛；羽状复叶，小叶3～5(7)片，宽卵形或卵状长圆形，先端渐尖，基部宽楔形，边缘具粗糙锯齿，上面绿色有光泽，下面色较浅，两面无毛；花单生或数朵聚生成伞房状，花重瓣，花瓣倒卵形，先端常外卷，各色；蔷薇果。

大花月季 (*Grandiflora Roses*) 株高80～200cm，粗壮直立，一年多次开花或开花不断。

丰花月季 (*Floribunda Roses*) 株高50～150cm，粗壮直立，一年多次开花或开花不断。

藤本月季 (*Climbing Roses*) 植株藤状，蔓长300～800cm，依附它物攀缘生长或匍匐地面。

“月—08藤本月季”花期5月份至11月中旬，花大，花红色，色彩鲜艳，夏季开花茂盛，年生长量100cm以上，直立性好。

产地分布：原产我国；现栽培的为人工培育品种。

习性：耐寒，耐热，耐旱，喜阳，对土壤要求不严，萌蘖力强，春夏秋开花。

成株生长发育节律：北京地区3月下旬萌动，花期5～10月份，果期9～11月份，绿期3月下旬至11月份。

繁殖栽培技术要点：春季萌动或秋季扦插或秋季嫁接，在生长期适宜浇水施肥。

应用：花境、丛植、地被、盆花、垂直绿化和芳香。

大花月季

金绣娃

光谱

月一08藤本月季

【四季玫瑰】*Rosa rugosa*

科属：蔷薇科蔷薇属。

植物学特征：落叶直立灌木；株高100～150cm，枝干粗壮，丛生，有皮刺或针刺，茎枝紫红色；羽状复叶，小叶5～9片，椭圆形至椭圆状倒卵形，端尖或稍钝，基圆或广楔，上面有光泽皱褶，下面灰绿而脉上有刺毛；花单生或数朵簇生，花重瓣，粉紫色，花径8～10cm，芳香；蔷薇果。

产地分布：原产我国，主要分布我国北部；人工培育品种。

习性：耐寒，耐热，耐旱，喜阳，对土壤要求不严，萌蘖力强，春夏秋开花。

成株生长发育节律：北京地区3月下旬萌动，花期5～10月份，果期9～11月份，绿期3月下旬至11月份。

繁殖栽培技术要点：春季萌动或秋季扦插，在生长期适宜浇水施肥。

应用：花境、丛植、地被、药用、食用和芳香。

【欧李】*Prunus humilis*

欧李果

科属：蔷微科樱桃属。

植物学特征：落叶灌木；株高0.8～1.5m，呈丛生状，枝条细密，柔软；叶互生，矩圆状倒卵形或椭圆形，先端急尖或短渐尖，基部宽楔形，边缘有细密锯齿，无毛；花与叶同时开放，3～5朵生于叶腋，花小，直径约2cm，萼筒钟状，裂片长卵形，花梗有稀疏短柔毛，花橘黄、红、粉、白等色；核果，一个节位上结2～3个果，果形似樱桃，有圆形、卵圆形、椭圆形或扁圆形等；果重4～15g，果汁丰富，味似李子，酸甜适口，风味独特，属我国特有果树。

产地分布：原产分布东北、华北、西北以及江南等地，生于荒坡、草地、路边、沙滩等土层瘠薄地方。

习性：耐寒，耐热，耐旱，耐修剪，耐瘠薄又喜肥，对土壤要求不严，根系发达。

成株生长发育节律：在北京地区3月中旬萌动，花期3月下旬至4月中旬，果期7月上旬至8月中旬，绿期3月中旬至11月上旬。

繁殖栽培技术要点：春季萌动或播种或扦插，栽培管理简易。

应用：丛植、地被、药用和食用。

【荆条】 *Vitex negundo var. heterophylla*

科属： 马鞭草科牡荆属。

植物学特征： 落叶灌木；株高100～300 cm，小枝四棱；叶对生，具柄，掌状复叶，小叶5片，间有3片，小叶披针形或椭圆状披针形，顶端渐尖，基部楔形，边缘具粗锯齿，表面绿色，下面淡绿色或灰白色；聚伞花序，或由聚伞花序组成圆锥花序，花淡紫色或蓝色；核果。

产地分布： 原产我国，分布遍及全国，日本也有分布，生于山坡、路边，形成灌丛；近几年引种栽培。

习性： 适应性强，耐寒，耐热，耐干旱，喜阳又稍耐阴，生长快，耐修剪，自生繁衍能力强，耐瘠薄土壤，对土壤要求不严。

成株生长发育节律： 北京地区3月下旬萌动，花期6～9月份，果期9～10月份，自然结实率低，绿期3月下旬至11月份。

繁殖栽培技术要点： 春季萌动或秋季扦插，栽培管理简易。

应用： 丛植、片植、地被、药用和蜜源植物。

【重瓣棣棠】 *Kerria japonica var. pleniflora*

科属： 蔷薇科棣棠属。

植物学特征： 落叶灌木；枝直立丛生，小枝绿色常有棱；单叶互生，卵形至椭圆状卵形，表面有皱褶；花单生小枝顶端，花瓣黄色，重瓣；瘦果。

产地分布： 原产我国；分布秦岭以南地区；栽培历史悠久。

习性： 耐寒，耐热，耐湿，喜阳又稍耐阴，要求土壤肥沃。

成株生长发育节律： 北京地区4月上旬萌动返青，花期5～9月份，不结实，绿期4月中旬至11月份。

繁殖栽培技术要点： 春秋季扦插，在生长期适宜浇水施肥。

应用： 丛植、花境和地被。

【华北香薷】 *Elsholtzia stauntoni* 又名木本香薷、柴荆芥

科属： 唇形科香薷属。

植物学特征： 落叶亚灌木；株高80～200cm，茎上部多分枝，上部钝圆四棱形，常带紫红色，被微柔毛；叶披针形至椭圆状披针形，长8～12cm，宽2～4cm，先端渐尖，基部渐狭至叶柄，边缘具粗锯齿，两面脉上被微柔毛，下面密布凹腺点；轮伞花序，具5～10花，组成顶生的穗状花序，长7～13cm，近偏向一侧，花萼管状钟形，花紫红、白色；小坚果。

产地分布： 原产我国，分布华北、西北，生于河滩、溪边、草坡及石山上；近几年引种栽培。

习性： 适应性强，耐寒，耐热，耐旱，喜阳又耐阴，对土壤要求不严，生长快，常生成群落状。

成株生长发育节律： 北京地区3月下旬萌动，花期8～10月份，果期9～11月份，绿期3月下旬至11月份。

繁殖栽培技术要点： 春季萌动或秋季扦插，栽培管理简易。

应用： 花境、丛植、切花和药用。

【金叶莸】*Caryopteris clandonensis 'Worcester Gold'*

科属：马鞭草科莸属。

植物学特征：落叶灌木；株高50～100 cm，呈半直立，多分枝；单叶对生，长卵圆形，表面光滑，为黄色，叶被银灰色毛；聚伞花序，腋生，花蓝紫色；蒴果。

产地分布：原产我国三北地区，在西南等地区均有分布；近几年引种栽培。

习性：耐寒，耐热，喜阳，耐旱，萌芽力强，耐修剪，耐瘠薄土壤，对土壤要求不严。

成株生长发育节律：北京地区3月中旬萌动，花期7～9月份，果期9～10月份，绿期3月中旬至11月份。

繁殖栽培技术要点：春季萌动或秋季扦插，栽培管理简易。

应用：丛植、地被和绿篱。

【糯米条】*Abelia chinensis*

科属：忍冬科六道木属。

植物学特征：落叶灌木；株高250～400 cm；枝开张，树皮撕裂；单叶对生，卵形至椭圆卵形，长2～3.5 cm；聚伞圆锥花序，顶生或枝梢部腋生；花冠漏斗状，白色至粉红色，具芳香；瘦果。

产地分布：原产分布我国长江流域及其南部，多生于湿润山地、溪河岸边的灌丛或疏林中；园林中有栽培。

习性：耐热，喜阳也耐阴，耐旱，耐寒性较强，对土壤的适应能力强。

成株生长发育节律：北京地区3月下旬萌动，花期7～10月份，果期9～11月份，绿期3月下旬至12月份。

繁殖栽培技术要点：春季播种或扦插，在生长期适宜浇水施肥。

应用：花境、丛植、花篱、地被和药用。

【胡枝子】*Lespedeza bicolor*

科属：豆科胡枝子属。

植物学特征：落叶灌木；株高100～200 cm；枝有棱，具柔毛；三出羽状复叶，互生；顶生小叶较侧生小叶大，椭圆形或倒卵状长圆形，长2～7 cm；宽1～4 cm，先端钝圆，基部圆形或宽楔形，两面有状毛；叶柄长约8 cm，有柔毛；总状花序，腋生，总花梗比叶长；花紫红色；荚果。

产地分布：原产分布东北、华北及黄河流域；生长于山坡、山谷灌丛中或林缘；近几年引种栽培。

习性：适应性广，耐寒，耐热，喜阳也耐阴，耐旱，耐瘠薄土壤。

成株生长发育节律：北京地区3月下旬萌动，花期7～8月份，果期9～10月份，绿期3月下旬至11月份。

繁殖栽培技术要点：春季播种或扦插，在生长期适宜浇水施肥。

应用：花境、丛植、地被、药用和饲用。

【歪头菜】*Vicia unijuga*

科属：豆科野豌豆属。

植物学特征：落叶灌木；株高30～80 cm，茎直立或斜升；偶数羽状复叶，叶轴末端的卷须呈刺状或丝状，托叶半箭头形或三角状卵形，稍有不整齐的锯齿，小叶2～6个，椭圆形至长圆形或倒卵形，先端圆，有短刺尖，基部楔形，全缘，无毛；总状花序，极短，腋生，具1～4朵花，花紫粉色；荚果。

产地分布：原产我国；分布遍及全国，生于林缘、草地、山谷、岸边；近几年引种栽培。

习性：适应性强，耐寒，耐热，耐旱，喜阳又耐阴，耐瘠薄土壤，对土壤要求不严。

成株生长发育节律：北京地区3月下旬萌动，花期6～8月份，果期9～10月份，绿期3月下旬至11月份。

繁殖栽培技术要点：春季萌动或秋季扦插或秋季播种，栽培管理简易。

应用：丛植、地被和饲用。

【东陵八仙花】*Hydrangea bretschneideri*

科属：虎耳草科绣球属。

植物学特征：落叶灌木；株高100～300 cm；幼枝具短柔毛；二年生枝栗褐色，树皮剥裂；叶对生，长卵形、椭圆状卵形或长椭圆形，长6～16 cm，宽3～7 cm，先端短尖或渐尖，基部楔形，边缘具尖锯齿；伞房花序，顶生；花白色；蒴果。

产地分布：原产分布华北、河南、甘肃、青海及西南等地区，生长于海拔1 000～2 000 m的山坡或山谷林下或林缘；近几年引种栽培。

习性：适应性广，耐寒，耐热，喜阳也耐阴，耐旱，对土壤的适应能力强。

成株生长发育节律：北京地区3月下旬萌动，花期6～8月份，果期8～10月份，绿期3月下旬至11月份。

繁殖栽培技术要点：春季播种或扦插，在生长期适宜浇水施肥。

应用：花境、丛植和地被。

【接骨木】*Sambucus williamsii*

科属：忍冬科接骨木属。

植物学特征：落叶灌木或小乔木；株高300～600 cm；树皮灰褐色，长方形浅裂，小枝光滑有白色明显皮孔；奇数羽状复叶对生，小叶3～11片，椭圆形、卵状广披针形，长5～12 cm，触摸揉搓后有异味，端渐尖至尾尖，基圆或广楔形，稍不对称，缘齿细密整齐；圆锥花序，顶生，由多数聚伞花序组成，最大长12 cm；花小，花冠白色，具芳香；浆果状核果，红色或蓝紫色。

产地分布：原产我国，在各地均有分布，朝鲜和日本也有分布；常见栽培。

习性：适应性广，耐寒，耐热，喜阳也耐阴，耐旱，对土壤的适应能力强，根系发达。萌蘖力强，耐修剪。

成株生长发育节律：北京地区3月下旬萌动，花期4～5月份，果期8～9月份，绿期3月下旬至11月份。

繁殖栽培技术要点：春季播种或扦插，在生长期适宜浇水施肥。

应用：花境、丛植、地被和药用。

【滇丁香】*Luculia intermedia*

科属：茜草科滇丁香属。

植物学特征：落叶灌木；株高200～400 cm（北方地区栽培1～2 m）；小枝有明显的皮孔；叶纸质光亮，对生，矩圆形或矩圆状倒披针形，长10～20 cm，宽4～8 cm，顶端短渐尖，基部楔尖，下面沿中脉和侧脉被柔毛，叶柄长1～1.5 cm；聚伞花序伞房花序式排列，顶生，被毛；花冠红色，高脚碟状，长4～5 cm，裂片长椭圆形；蒴果，陀螺形。

产地分布：原产分布我国云南西部；生长在海拔1 300～2 000 m的灌丛中或山坡林内；近几年在北京引种栽培。

习性：耐热，喜光也耐阴，喜温暖湿润气候，不耐寒，耐旱力强，对土壤的适应能力强；萌蘖力强，耐修剪，花期长。

成株生长发育节律：北京地区4月份栽植园林绿地中，花期5～10月份。

繁殖栽培技术要点：组培或秋春季扦插或春季播种，在生长中注意浇水施肥。

应用：由于滇丁香株形优美，枝叶繁茂、翠绿光亮，花序密集而繁茂，花色艳丽芳香，花期长，适宜花坛、花境、花篱（春季栽植，晚秋挖起假植在保护地过冬）、盆花和药用。

【凤尾兰】*Yucca gloriosa* **又名波萝花、丝兰**

科属：百合科丝兰属。

植物学特征：常绿灌木；株高50～150 cm，具茎，有时分枝；叶密集，螺旋排列茎端，质坚硬，有白粉，剑形，长40～70 cm，顶端硬尖，边缘光滑，老叶边缘有少数丝线；圆锥花序，高100 cm左右，小花多而密，乳白色，常带红晕，下垂；蒴果。

产地分布：原产北美，我国华北以南地区均有栽培。

习性：耐寒，耐热，喜阳，耐旱又耐湿，花期长，耐瘠薄土壤，对土壤要求不严。

成株生长发育节律：北京地区为常绿，花期6～10月份，果期9～11月份。

繁殖栽培技术要点：春季萌动或早春分株，在冬季忌冻水过大。

应用：花坛、花境、地被点缀和盆花。

【柱花醉鱼草】*Buddleja chlindrostachya*

科属：马钱科醉鱼草属。

植物学特征：落叶灌木；在北京常作多年生宿根花卉；直立，高1～2m，小枝密被星状柔毛；单叶对生，长披针形，长8～15cm，宽2～3.5cm，边缘有细锯齿，基部阔楔形，下延至叶柄，基部有2枚耳状托叶，叶厚，上面浅绿色，下面银灰色，叶两面密被星状毛和金黄色腺点；总状聚伞花序，密集成圆柱状，顶生，密被星状柔毛，粉红色，花形钟状；蒴果长圆形。

在云贵等西南地区野生分布成落叶灌木，在低海拔地域为常绿灌木，高2～4m，在云贵地区不同的海拔区域可周年开花。

产地分布：主要分布在云南1000～3000m的干旱山坡中，在贵州西南地区也有分布；近几年在北京园林绿化中栽培应用。

习性：生长快（100～150cm/年），生长茂盛，花期6～10月份，绿期4～12月份，耐修剪，适应性、抗寒、抗干旱和抗土壤瘠薄等抗逆性强。

成株生长发育节律：在北京地区4月上旬萌动返青，绿期直到严寒季节（12中旬）。如果不修剪，在冬季有部分枝条有抽条现象，但在小气候好的环境条件下，不仅没有抽条现象，且有部分叶片保持常绿。在北京常作多年生宿根花卉栽培，冬季进行修剪。花期长，果期9月份，后陆续成熟。盆栽在温室内四季常绿，可周年开花。

繁殖栽培技术要点：春季萌动或秋播或扦插，一次或多次修剪，栽培管理简易。

应用：花境、丛植、地被、切花和芳香。

【大叶醉鱼草】*Buddleja davidii* L.

科属：马钱科醉鱼草属。

植物学特征：落叶灌木；在北京常作多年生宿根花卉；直立，高1～2m；嫩枝、叶背、花序均密被白色星状绵毛，小枝呈四棱形；叶对生，卵状披针形至披针形，长10～25cm，宽3～5cm；顶端渐尖，基部圆渐狭，边缘疏生细锯齿，上面无毛，下面密被白色星状绒毛；圆锥花序长约40cm，有紫色、蓝色、粉色、白色、黄色等花色；蒴果条状矩圆形。

产地分布：主要分布在云、贵、川、陕甘等地 灌丛、沟边；近几年在北京园林绿化中栽培应用。

习性：生长快(100～150cm/年)，生长茂盛，花期长(6～10月份)，绿期长(4～12月份)，耐修剪，适应性、抗寒、抗干旱和土壤瘠薄等抗逆性强。

成株生长发育节律：在北京地区4月上旬萌动返青，绿期到12月份，花期7～9月份，9月份后果实陆续成熟。盆栽在温室内四季常绿，可周年开花。

繁殖栽培技术要点：春季萌动或秋播或扦插，一次或多次修剪，栽培管理简易。

应用：花境、丛植、地被、切花和芳香。

【木芙蓉】*Hibiscus mutabilis*

科属：锦葵科木槿属。

植物学特征：落叶灌木；株高200～500 cm（北方地区栽培1～3 m）；茎具星状毛或短柔毛；叶卵圆状心形，直径10～15 cm，常5～7裂，裂片三角形，边缘钝齿，两面均具星状毛，主脉7～11条，叶柄长5～20 cm；花腋生，花梗长约20 cm，花径7～12 cm，花有红、粉、白色；蒴果。

产地分布：原产我国，华北以南均有分布；南方地区常见栽培；近几年在北京引种栽培。

习性：耐热，较耐寒，生长快，花大，花期长，宜肥沃、疏松的沙质壤土生长。

成株生长发育节律：北京地区4月份栽植园林绿地中，花期7～10月份，果期9～10月份。

繁殖栽培技术要点：秋春季扦插，在生长期适宜浇水施肥。

应用：花境、片植（春季栽植，晚秋挖起假植在保护地过冬）和盆花。

【五色梅】*Lantana camara* 又名马缨丹、山大丹

科属：马鞭草科马缨丹属。

植物学特征：直立或半藤本状灌木；株高1～2m，茎枝均呈四方形，有短柔毛，通常有短倒钩状刺；单叶对生，卵形至卵状长圆形，长3～9cm，端渐尖，基圆形，两面有糙毛，揉烂后有强烈的气味；头状花序，腋生，花冠黄色、橙黄色、粉红色至深红色；核果。

产地分布：原产美洲热带地区，在我国海南、台湾、广东、广西、福建等地也有野生分布，常生于海拔80～1500m的海边沙滩和空旷地；北方地区盆栽。

习性：喜高温、高湿和阳光充足环境，耐热、耐旱、耐尘、不耐寒，对土壤要求不严。

成株生长发育节律：在北京地区室内盆栽，四季开花，盛花期为夏季，果期9～10月份。

繁殖栽培技术要点：秋春季扦插，在生长期注意浇水施肥。

应用：花坛、花境点缀和药用。

【三角花】*Bougainvillea spectabilis* 又名叶子花、九重葛、毛宝巾

科属：紫茉莉科三角花属。

植物学特征：常绿攀缘藤本或小灌木；茎具弯刺，密生绒毛；叶互生，卵形，被厚绒毛；花生于新梢顶端，常3朵簇生于3枚较大的苞片内，花梗与苞片中脉合生；苞片叶状，椭圆形，呈鲜红、砖红或浅紫色。

产地分布：原产巴西，我国热带地区也有野生分布；在我国长江流域以南露地栽培，北方地区盆栽。

习性：喜强阳，喜温暖湿润环境和富含腐殖质的肥沃土壤，不耐寒，不耐阴，忌水涝；萌芽力强，耐修剪；花期长，在温度和日照适宜的条件下可常年开花。

成株生长发育节律：北京地区温室盆栽四季常绿，花期冬季和早春，通过短日照处理可在不同季节开花。

繁殖栽培技术要点：秋春季扦插，在生长期注意浇水施肥。

应用：花坛或花境点缀、盆花和垂直绿化。

【四季桂花】*Osmanthus fragrans* ‘Semperflorens’

科属：木犀科木犀属。

植物学特征：常绿灌木至小乔木；株高2～8 m，树皮灰色，不裂；叶长椭圆形，长5～12 cm，端尖，基楔形，全缘或上半部有细锯齿；花簇生叶腋或聚伞状，花小，白色或黄色；核果。

产地分布：原产我国，主要分布西南部，在黄河以南地区均有栽培，北京在小气候条件好的地方能露地栽培越冬。

习性：耐寒性较差，喜光也稍耐阴，喜温暖，喜湿润、排水良好的沙质壤土，忌涝地、碱地和黏重土壤；对二氧化硫、氯气等有中等抵抗力。

成株生长发育节律：北京地区温室盆栽四季常绿，花期5～9月份。

繁殖栽培技术要点：秋春季扦插，在生长期注意浇水施肥。

应用：花坛或花境点缀、食用和药用。

【扶桑】*Hibiscus rosa-sinensis* L.　又名佛槿、大红花、朱槿牡丹

科属：锦葵科木槿属。

植物学特征：常绿灌木或小乔木；株高可达6m，一般盆栽高1～3m，茎直立，分枝多；叶互生，广卵形至狭卵形，长4～9cm，长锐尖，有不规则粗齿，基部近圆形，三主脉明显，表面具光泽。花单生上部叶腋，阔漏斗形，花径6～10cm；雄蕊柱伸出花冠之外，花瓣有单瓣和重瓣品种，花有红、粉、黄、白等色；蒴果。

产地分布：原产中国南部，福建、台湾、广东、广西、云南、四川等省区均有分布；常见盆栽木本花卉。

习性：不耐寒，华南多露地栽培，长江流域及北方地区需温室越冬；性喜光，喜温暖湿润气候，喜肥沃湿润、排水良好的土壤。

成株生长发育节律：北京地区温室盆栽四季常绿，花期夏秋季。

繁殖栽培技术要点：秋春季扦插，在生长期注意浇水施肥。

应用：花坛或花境点缀和药用。

【龙船花】 *Ixora chinensis* **又名山丹、英丹花、水绣球**

科属： 茜草科龙船花属。

植物学特征： 常绿小灌木；高0.5～2m，多分枝； 单叶对生，椭圆状披针形或倒卵状长椭圆形，长6～13cm，端钝尖或钝，基楔形或浑圆，全缘；顶生伞房状聚伞花序，花序分枝红色，花冠红色或橙红色，高脚碟状，筒细长；浆果，熟时黑红色。

产地分布： 原产亚洲热带，在我国福建、广东、广西、云南和台湾等地区分布，马来西亚、印度尼西亚也有分布；北方地区盆栽。

习性： 喜温暖、高温，喜阳又较耐阴，不耐寒，要求富含腐殖质、疏松、肥沃的酸性土壤，花色艳丽，花期长。

成株生长发育节律： 北京地区温室盆栽四季常绿，四季开花。

繁殖栽培技术要点： 秋春季扦插，在生长期注意浇水施肥。

应用： 花坛和花境点缀。

【黄蝉】 *Allemanda neriifolia*

科属： 夹竹桃科黄蝉属。

植物学特征： 常绿直立或半直立灌木；高1～2m，具乳汁，枝条灰白色；叶3～5枚轮生，椭圆形或倒卵状长圆形，长6～12cm，先端渐尖或急尖，基部楔形，全缘，除叶背中脉和侧脉被短柔毛外，其余无毛；花序顶生，花梗被秕糠状小柔毛，花冠橙黄色和红色，长4～6cm；蒴果，具长刺。

产地分布： 原产巴西；我国热带地区露地栽培，其他地区盆栽。

习性： 喜光，喜温暖湿润气候，不耐寒，耐旱力强，对土壤的适应能力强。

成株生长发育节律： 北京地区温室盆栽四季常绿，花期5～9月份。

繁殖栽培技术要点： 秋春季扦插，在生长期注意浇水施肥。

应用： 花坛或花境点缀和盆花。

【山荞麦】*Polygonum aubertii*

科属： 蓼科蓼属。

植物学特征： 落叶藤本；茎多分枝，枝条相互缠绕，左旋上攀；叶三角形或卵状三角形，全缘；花序顶生或腋生，花梗细长，花白色；瘦果，有三棱，前期白黄色，到后期变成褐色。

产地分布： 原产我国，分布甘肃、内蒙古，蒙古也有分布；引种栽培有20多年。

习性： 适应性强，耐寒，耐热，喜阳又稍耐阴，耐旱，生长快，耐瘠薄土壤，对土壤要求不严。

成株生长发育节律： 在北京地区3月中旬萌动或早春播种，一条蔓年生长达3～5m，花期8～10月份，果期10～11月份，绿期3～11月份。

繁殖栽培技术要点： 春季萌动或自播繁衍或早春播种，栽培管理简易。

应用： 地被和垂直绿化。

【金银花】*Lonicera japonica* 又名忍冬、金银藤、鸳鸯藤

科属： 忍冬科忍冬属（金银花属）。

植物学特征： 落叶或常绿攀缘灌木；幼枝密生柔毛和腺毛；单叶对生，宽披针形至卵状椭圆形，幼时两面被毛，全缘；伞房花序，花成对生于叶腋，初花白色，后变黄色，具芳香；浆果。

产地分布： 原产我国，朝鲜、日本也有分布；生于溪河两岸、湿润山坡疏林及灌丛中；常见栽培。

习性： 适应性强，耐寒，耐热，耐旱怕涝，喜阳又耐阴，生长快，无物缠绕时可匍地生长500～700cm。

成株生长发育节律： 北京地区3月下旬萌动，花期6～8月份，果期8～10月份，绿期3月下旬至12月上旬。

繁殖栽培技术要点： 春季萌动或早春扦插，栽培管理简易。

应用： 地被、垂直绿化、药用和芳香。

【贯月忍冬】*Lonicera sempervirens*

科属：忍冬科忍冬属。

植物学特征：常绿或半常绿缠绕藤本；长达6m，全体无毛；叶对生，卵形至椭圆形，先端钝或圆，表面深绿，背面灰绿色，有时有毛，全缘；花序下1～2对叶基部合生，花每6朵为一轮，数轮排成顶生穗状花序，花冠细长筒形，长约4cm，橘红色至深红色；浆果。

产地分布：原产北美东南部；北京以南地区露地均有栽培。

习性：喜光，耐寒性稍差，耐旱，耐瘠薄土壤，花期长。

成株生长发育节律：北京地区3月下旬萌动，花期春至秋季陆续开花，果期9～10月份，自然结实率低，绿期3月下旬至11月份。

繁殖栽培技术要点：春夏季扦插，在生长期适宜浇水施肥。

应用：地被和垂直绿化。

【美国凌霄】*Campsis cadicaus*

科属：紫葳科凌霄属。

植物学特征：落叶藤本；长达10余米，借气生根攀缘；羽状复叶对生，小叶7～9，长卵形至卵状披针形，缘具锯齿，两面无毛；花数朵集生成短圆锥花序，花冠筒状漏斗形，红色或橘红色，花萼绿色，5裂至中部，有5条纵棱；蒴果。

产地分布：原产美洲；常见栽培。

习性：耐寒，喜光也稍耐阴，耐干旱，忌积水，对土壤要求不严，能生长在偏碱的土壤上，又耐盐，在土壤含盐量为0.31%时也能正常生长；深根性，萌蘖力强，花期长，花色艳丽。

成株生长发育节律：北京地区3月下旬萌动，花期6～8月份，果期9～10月份，自然结实率低，绿期3月下旬至11月份。

繁殖栽培技术要点：春季萌动或早春扦插，栽培管理简易。

应用：垂直绿化。

【夹竹桃】*Nerium indicum* 又名柳叶桃

科属：夹竹桃科夹竹桃属。

植物学特征：常绿灌木；株高3～5m（北方地区盆栽2～3m），具乳汁，嫩枝具棱，被微毛，老时脱落；叶三轮生，也有4片及2片对生的，革质，狭披针形，长11～15cm，顶端急尖，基部楔形，叶缘反卷，叶面深绿色，无毛叶背浅绿色；聚伞花序，顶生，花冠深红色或粉红色，有时重瓣15～18枚，组成3轮，花有香气；蓇葖果。

产地分布：原产印度、伊朗、尼泊尔，现广植于世界热带地区；我国黄河以南广为栽培，北方盆栽。

习性：喜阳光，也能适应较阴的环境，好温暖湿润气候，不耐寒，忌水涝，对土壤要求不严，但以排水良好、肥沃的中性土壤最宜，微酸性、轻碱土也能适应；对二氧化硫、氯气等有毒气体的抵抗力和吸收能力都很强，植株基部及枝干萌发力强，耐修剪。

成株生长发育节律：北京地区温室盆栽四季常绿，花期6～10月份，果期12月份至翌年1月份。

繁殖栽培技术要点：秋春季扦插，在生长期注意浇水施肥。

应用：花坛或花境点缀和盆花。

【树状月季】 *Tree Roses*

科属： 蔷薇科蔷薇属。

植物学特征： 落叶乔木；是通过嫁接方法高接换头培育而成的一种月季类型；株高150～250 cm，杆径1～5 cm；一株可嫁接多个花色品种。用蔷薇（*R.multiflora*）做砧木，大花月季（*Grandiflora Roses*）做接穗。

产地分布： 原产我国；现栽培的为人工培育品种。

习性： 耐寒，耐热，耐旱，喜阳，对土壤要求不严，萌蘖力强，春夏秋开花。

成株生长发育节律： 北京地区3月下旬萌动，花期5～10月份，果期9～11月份，绿期3月下旬至11月份。

繁殖栽培技术要点： 春季萌动或秋季扦插或秋季嫁接，在生长期适宜浇水施肥。

应用： 行道树、丛植、盆栽。

【紫玉兰】*Magnolia liliflora*

科属：木兰科木兰属。

植物学特征：落叶小乔木；株高可达10m，一般为3～6m，老干褐色，树皮光滑，分枝较多，枝叶繁茂；叶互生，倒卵形或倒卵状长圆形，长10～20cm，宽4～12cm，先端急尖或渐尖，基部楔形，全缘，革质，表面深绿色，疏生柔毛，背面平滑无毛；花单生于枝顶，钟形，长约10cm，紫红色；聚合蓇葖果，圆柱形。

产地分布：原产于我国中部，北京以南地区广泛栽培。

习性：不耐严寒，北京地区需在小气候条件较好处才能露地栽培；喜光，喜肥沃、湿润、排水良好的土壤，在干燥及碱土、黏土上生长不良；根肉质，怕积水。

成株生长发育节律：北京地区3月中旬萌动，花期3～4月份和8月份两个时期，果期5月份和9月份两个时期，绿期3月中旬至11月份。

繁殖栽培技术要点：春季萌动或秋季播种，栽培管理简易。

应用：孤植、片植、行道树和药用。

【木槿】*Hibiscus syriacus*

科属：锦葵科木槿属。

植物学特征：落叶灌木或小乔木；株高200～300cm，分枝多；叶3裂；花单生于叶腋，钟形，花径7～8cm，有白、粉、红、紫等色，有单瓣、重瓣类型；蒴果。

产地分布：原产我国；常见栽培。

习性：性喜温暖，耐寒，耐热，耐湿，耐修剪，在肥沃沙质壤土中生长繁茂。

成株生长发育节律：在北京地区5月上旬萌动，花期7～10月份，绿期5～10月份。

繁殖栽培技术要点：春季扦插或播种，在生长期适宜浇水施肥。

应用：行道树、丛植和片植。

栾树果

【栾树】*Koelreuteria paniculata*

科属： 无患子科栾树属。

植物学特征： 落叶乔木；株高5～12m，树冠近圆球形，树皮灰褐色，细纵裂；羽状复叶或2回羽状复叶，有部分小叶深裂而为不完全，长达40cm；小叶7～15片；叶卵形或卵状长圆形，缘有不规则粗齿，近基部常有深裂片，背面沿脉有毛；顶生圆锥花序宽而疏散，花序长35cm，花瓣卷向上方，花黄色；蒴果，成熟时红褐色或橘红色。

产地分布： 原产我国，北自东北南部，南到长江流域及福建，西到甘肃东南部及四川中部均有分布；广泛栽培。

习性： 耐寒，喜光也耐半阴，耐干旱、瘠薄，喜生于石灰质土壤，也能耐盐渍及短期水涝，萌蘖强，有较强的抗烟尘能力，花果期长，景观效果好。

成株生长发育节律： 北京地区3月上旬萌动，花期6～7月份，果期8～9月份，自然结实率低，绿期3月上旬至10月份。

繁殖栽培技术要点： 春季萌动或秋季播种，栽培管理简易。

应用： 孤植、片植、行道树和食用。

栾树花

【紫薇】*Lagerstroemia indica* 又名痒痒树、百日红

科属：千屈菜科紫薇属。

植物学特征：落叶灌木或乔木；株高200～800 cm，树皮褐色，剥落后光滑，小枝幼时显著4棱；单叶对生，近无柄，椭圆形或倒卵形至长圆形，先端尖或钝，基圆形或楔形，全缘；圆锥花序，顶生，长8～20 cm，花瓣圆形而缘皱，基部长爪状，花有紫、红、粉、白色；蒴果。园艺品种“**矮紫薇**”品种系列，株高有15～25 cm和30～80 cm两种类型，株型紧凑，花有紫、红、粉、白等色，耐寒性比“**紫薇**”稍差。

产地分布：原产我国，分布长江流域至大洋洲；各地普遍栽培。

习性：适应性强，耐寒，耐热，耐旱怕涝，喜阳又稍耐阴，萌蘖性强，生长较慢，寿命长，对土壤要求不严。

成株生长发育节律：北京地区5月上旬萌动，花期6～9月份，果期10月份，绿期5月上旬至10月份。

繁殖栽培技术要点：春季萌动或秋季扦插或秋季播种，栽培管理简易。

应用：孤植、丛植、片植和药用。

矮紫薇

紫薇盆景

【合欢】*Albizzia julibrissin* 又名马缨花、绒花树、夜合花

科属：豆科合欢属。

植物学特征：落叶乔木；株高8～16m，树冠开展呈伞状，树皮褐灰色，小枝无毛；叶为2回偶数羽状复叶，羽片4～12对，各有小叶10～30对；小叶镰刀状长圆形，中脉明显偏于一边，叶背中脉处有毛；头状花序排成伞房状，腋生或顶生，花瓣均黄绿色，花丝粉红色，细长如绒缨；荚果。

产地分布：产于亚洲及非洲，我国黄河流域及其以南地区均有分布，华北以南地区常见栽培。

习性：性喜光，但树干皮薄，畏曝晒，否则易开裂；生长快，枝条开展，树冠常偏斜，分枝点较低；耐寒性略差，在华北地区宜选平原或低山区之小气候较好处栽植；对土壤要求不严，耐干旱、瘠薄，但忌水涝。

成株生长发育节律：北京地区4月上旬萌动，花期6～7月份，果期9～10月份，绿期4月上旬至11月份。

繁殖栽培技术要点：春季萌动或秋季播种，栽培管理简易。

应用：孤植、片植、行道树和药用。

【黄槐】*Cassia surattensis* 又名粉叶决明

科属：豆科决明属。

植物学特征：常绿大灌木或小乔木；高3～5m（北方地区栽培1～3m），上部枝叶繁茂，小枝四棱形；偶数羽状复叶，小叶6～10对，卵形或披针形，先端钝或微凹，表面具光泽，边缘疏生粗毛；伞房状总状花序，顶生或腋生，花黄色；荚果。

产地分布：原产热带地区，在我国东南部、云南等热带地区有分布；在我国热带和亚热带地区作为主要庭园栽培植物。

习性：耐寒性较差，在北方地区大棚内能越冬；耐修剪，分枝能力强；花期长，黄色艳丽。

成株生长发育节律：在北京温室内四季常绿，4月中旬后出温室，花期9月份至11月中旬，果期11月份至翌年1月份，在热带地区可周年开花。

繁殖栽培技术要点：早春播种或秋季扦插，在生长期适宜浇水施肥。

应用：花坛、丛植、花境（春季栽植，晚秋挖起假植在保护地过冬）、盆花和药用。

第五部分

水生花卉

【荷花】 *Nelumbo nucifera* 又名莲花、水芙蓉

科属：睡莲科莲属。

植物学特征：多年生水生草本；地下茎横生，圆柱形，节间肥大，内有多数孔眼，须根生于节上，称为藕；叶柄挺出水面，叶片大，盾状圆形，上被蜡质，蓝绿色，叶背淡绿，光滑，叶柄侧生钢刺；花单生，两性，花大，有单瓣、重瓣，花有深红、粉红、白、淡绿及复色等；花后膨大的花托称莲蓬，上有3～30个莲室，发育正常时，每个心皮形成一个小坚果，俗称莲子，成熟时果皮青绿色，老熟时变为深褐色，干时坚固，果壳内有种子，胚乳之间着生绿色胚芽，俗称莲心。

产地分布：原产我国，也是荷花的自然分布中心，亚洲热带地区及大洋洲亦有分布；水生植物主栽品种。

习性：适应性强，耐寒，耐热，喜阳，水湿，对土壤要求不严，但以富含有机质、肥沃的黏性湖塘泥为好。

成株生长发育节律：北京地区4月下旬萌动，花期6～8月份，果熟期9～10月份，绿期5～10月份。

繁殖栽培技术要点：春季分根茎或播种，栽培管理简易。

应用：湿地丛植、片植、盆花、食用和药用。

【睡莲】 *Nymphaea tetragona* 又名子午莲

科属：睡莲科睡莲属。

植物学特征：多年生水生草本；根状茎粗短，直立；叶丛生，盾状圆形，基部具深弯缺，先端圆钝，全缘，无毛，长5～14cm，宽4～9cm，具细长叶柄，漂浮于水面，表面浓绿有光泽，下面暗紫；花单生，直径7～12cm，漂浮于水面，白天开花，夜间闭合，花红、黄、粉、白色等；浆果。

产地分布：原产亚洲东部，在我国南北各池沼地均有分布，日本、朝鲜、印度、西伯利亚及欧洲等地亦有分布；水生植物主栽品种。

习性：适应性强，耐热，喜阳，水湿，喜富含有机质的壤土，生长季节池水深度以不超过80cm为宜。

成株生长发育节律：北京地区4月下旬萌动，花期5～9月份，果熟期9～10月份，绿期5～10月份。

繁殖栽培技术要点：春季分根茎或播种，栽培管理简易。

应用：水中丛植、片植、盆花、药用和食用。

【水葱】*Scirpus tabernaemontani*

科属：莎草科藨草属。

植物学特征：多年生水生草本；具粗壮匍匐根茎，杆高100～200 cm，圆柱状，平滑，基部具3～5个叶鞘；叶片线形；总苞苞片1个，为杆的延长，鳞片状或叶状，长侧枝聚伞花序，简单或复出，顶生或假侧生，小穗具少数到多数花；小坚果。**花叶水葱**杆上有白色宽狭不等的条纹。

产地分布：原产我国，分布东北、华北、西北以及南方各省；生于水旁湿地；常见水生栽培。

习性：适应性强，耐寒，耐热，水湿，自生繁衍能力强，宜在潮湿或水中生长。

成株生长发育节律：北京地区3月下旬萌动，花期6～8月份，穗成熟期9～10月份，绿期3～11月份。

繁殖栽培技术要点：春季萌动或分株，栽培管理简易。

应用：湿地丛植、片植和盆花。

水葱

花叶水葱

【千屈菜】*Lythrum salicaria* 又名水柳、水枝柳、水枝锦

科属：千屈菜科千屈菜属。

植物学特征：多年生水生草本；株高100 cm左右，茎直立，多分枝，具柔毛，有时光滑；叶对生或3枚轮生，披针形，长3.5～7 cm，宽1～2 cm，先端渐尖，基部略抱茎；总状花序，顶生，花序长15～30 cm，花紫红色；蒴果。

产地分布：原产我国及欧洲等地，在我国主要分布华北、西北、西南等地；生于水旁湿地；常见水生栽培。

习性：适应性强，耐寒，耐热，耐湿，喜阳，花期长，自生繁衍能力强，宜在潮湿或水中生长。

成株生长发育节律：北京地区3月下旬萌动，花期7～9月份，果期9～10月份，绿期3～11月份。

繁殖栽培技术要点：春季萌动或分株，栽培管理简易。

应用：花境、湿地丛植、片植、盆花和药用。

【泽泻】*Alisma orientale*

科属：泽泻科泽泻属。

植物学特征：多年生水生草本；地下有块茎，球形，块茎下部生须根，上部抽生茎叶；叶基生，广卵状椭圆线形至广卵形，全缘。主脉5～7由基部直达叶端，各主脉间有成横生支脉，形成网状；花茎由叶丛抽生，直立，高50～80cm，复轮生圆锥花序由聚伞花序形成，花小，具苞，花冠白色，少有红晕；瘦果。

产地分布：原产东亚，在我国南北各地均有分布，朝鲜、日本也有分布。

习性：适应性强，耐寒，耐热，喜阳又稍耐阴，水湿，不可长期离水，但以富含有机质、肥沃的黏质壤土为好。

成株生长发育节律：北京地区4月下旬萌动，花期6～8月份，果期8～9月份，绿期4～11月份。

繁殖栽培技术要点：春季萌动或分块茎，栽培管理简易。

应用：湿地丛植、片植、盆花和药用。

【慈姑】*Sagittaria trifolia*

科属：泽泻科慈姑属。

植物学特征：多年生水生草本；株高60～120cm，具地下匍匐枝，枝端有球茎；叶基生，叶形变化极大，通常呈戟形或箭形，裂片卵形至线形，顶端长5～15cm，有3～7脉，先端锐尖，侧裂片开展，叶柄长30～60cm，全缘；总状花序，基部有分枝，花多数，每3朵轮生于节上，花反卷，白色；瘦果。

产地分布：原产我国，南北各地均有分布，生于湖泊、池塘或沼泽地；常见水生栽培。

习性：适应性强，耐寒，耐热，喜阳，水湿，生长快，对土壤要求不严，但以富含有机质、肥沃的黏质壤土为好。

成株生长发育节律：北京地区4月上旬萌动，花期7～9月份，果期9～10月份，绿期4～11月份。

繁殖栽培技术要点：春季萌动或分块茎，栽培管理简易。

应用：湿地丛植、片植、盆花、食用和药用。

【梭鱼草】*Pontederia cordata* 又名北美梭鱼草

科属：雨久花科梭鱼草属。

植物学特征：多年生挺水草本；株高50～80 cm；叶柄绿色，圆筒形，叶片较大，长25 cm，宽15 cm，深绿色，叶形多变。大部分为倒卵状披针形，叶面光滑；花序顶生，穗状，上有密生小花数百朵，长10～20 cm，花蓝紫色，上方两花瓣各有两个黄绿色斑点；蒴果。

产地分布：原产北美；近几年引种栽培。

习性：耐热，喜阳，喜肥，喜湿，不耐寒，适宜在20 cm以下的浅水中生长，适温15～30℃，越冬温度不宜低于5℃，繁殖能力强。

成株生长发育节律：北京地区5月份萌动，花期5～10月份，果期8～10月份。

繁殖栽培技术要点：春季萌动或分株，栽培管理简易。

应用：湿地丛植、片植和盆花。

【凤眼莲】*Eichhornia crassipes* 又名水葫芦

科属：雨久花科凤眼莲属。

植物学特征：多年生水生草本，作一年生栽培；株高30～40 cm，根毛能浅浅地扎在泥土中，也能漂在水中生长；具有横生的匍匐枝，可蔓延而发生新的株丛，叶丛直立而挺出水面，叶基生，下部膨大成气囊，在水面较深的情况下，可使株丛脱离泥土而直立漂浮，叶片顶部呈菱状宽卵圆形，上具平行叶脉，叶脉明显而下凹，全缘；花葶单生，高30 cm，花6～12朵，排列成穗状花序，花冠堇蓝色；蒴果。

产地分布：原产南美；在我国南北各地湖塘沼泽中有分布；常见水生栽培。

习性：喜温暖水湿和充足的阳光，不耐霜寒，耐阴，繁殖力极强，覆盖水面快。

成株生长发育节律：北京地区春季种植水中，花期6～9月份，绿期5～10月份。

繁殖栽培技术要点：春季分匍匐茎，栽培管理简易。

应用：水中片植、药用和饲用。

【荇菜】*Nymphoides peltatum*

科属：龙胆科莕菜属。

植物学特征：多年生水生草本；茎圆柱形，多分枝，沉水中，具不定根；叶漂浮，圆形近革质，深心脏形，具不明显的掌状脉；上部叶对生，其他叶互生，叶柄基部膨大，抱茎；花序束生于叶腋，花梗圆柱形，稍不等长，较叶为长，花黄色，直径2～3cm；蒴果。

产地分布：原产我国，南北各地均有分布，欧洲、日本和朝鲜也有分布；生于湖泊、池塘或沼泽地；常见水生栽培。

习性：适应性强，耐寒，耐热，喜阳，水湿，水深30～50cm。

成株生长发育节律：北京地区4月上旬萌动，花期7～9月份，果期9～10月份，绿期4～11月份。

繁殖栽培技术要点：春季萌动或分株，栽培管理简易。

应用：湿地丛植、片植和盆花。

【再力花】*Thalia dealbata* 又名水竹芋、水莲蕉、塔利亚

科属：落叶科再力花属。

植物学特征：多年生挺水草本；全株附有白粉，株高80～130cm；叶卵状披针形，浅灰蓝色，边缘紫色，长50cm，宽25cm；总状花序，花小，花茎可高达200cm以上，紫堇色、白色；蒴果。是温带地区一种优秀的温室花卉，是近年新引入我国的一种观赏价值极高的挺水花卉，为纪念德国植物学家约翰尼·赛尔而得此名。包括12个生于沼泽地的种。

产地分布：原产非洲；近几年引种栽培。

习性：耐热，喜阳，喜肥，喜湿，不耐寒，适温15～30℃，越冬温度不宜低于5℃，生长快，繁殖能力强。

成株生长发育节律：北京地区5月份萌动，花期5～10月份，果期8～10月份。

繁殖栽培技术要点：春季萌动或分株，栽培管理简易。

应用：湿地丛植、片植和盆花。

【王莲】*Victoria amazonica* 又名亚马逊王莲

科属：睡莲科王莲属。

植物学特征：多年生水生大型草本，作一年生栽培；根状茎直立而短，有刺；发芽后第1、2叶小，线形，第3、4叶稍大，戟形；第5、6叶比第3、4叶大，圆形，基部裂口，第10片叶后，叶缘向上反卷成箩筛状，成熟叶直径180～250cm，叶缘直立，高7～18cm；花两性，漂浮水面，有芳香，花径15～35cm，傍晚开放，次日上午闭合，颜色由白变粉至深红后，沉入水中；浆果，每果具黑色种子300～400粒。

产地分布：原产南美；在我国南北各地均有栽培。

习性：喜温暖水湿和充足的阳光，不耐霜寒，水不宜过深，覆盖水面快。

成株生长发育节律：北京地区春季播种，5月中旬种植水中，花期7～9月份，果期9～10月份，绿期5～10月份。

繁殖栽培技术要点：春季在温室内播种育苗，在栽培中保持水温20℃以上，水深30～50cm。

应用：水中丛植和片植。

【芡实】*Euryale ferox* 又名鸡头苞、鸡头莲

科属：睡莲科芡属。

植物学特征：大型多年生水生草本，作一年生栽培；根须状；根状茎，短缩，叶从短缩茎中抽出，初生叶箭形，过渡叶盾状，定形叶圆形，叶面绿色，皱缩，光亮，背面紫红色，网状叶脉隆起，形似蜂巢；花单生，紫色或白色，萼片有刺，密聚；浆果，每果含种子160～200粒，豌豆状，种仁黄色，称为“芡米”。

产地分布：原产我国及印度，分布我国南北各地湖塘沼泽中；生于湖泊、池塘和滩地；常见水生栽培。

习性：喜温暖水湿和充足的阳光，不耐霜寒，水深以80～120cm为宜，覆盖水面快。

成株生长发育节律：北京地区春季播种，5月中旬种植水中，花期7～9月份，果期9～10月份，绿期5～10月份。

繁殖栽培技术要点：春季萌动或播种，栽培管理简易。

应用：水中丛植、片植，食用和药用。

【芦苇】*Phragmites communis*

科属：禾本科芦苇属。

植物学特征：多年生水生或湿生高大草本；具粗壮的匍匐根状茎，秆高100～300 cm，节下通常具白粉；叶鞘圆筒形，叶片线形，渐尖，基部宽，叶舌有毛，叶长15～45 cm，宽1～3.5 cm；圆锥花序，顶生，疏散，长10～40 cm，稍下垂，下部枝腋具白毛，小穗通常含4～7花；颖果。

花叶芦苇叶片有白色宽狭不等的条纹。

产地分布：原产我国及世界许多地区，分布遍及全球温带地区；生于池沼、河旁、湖边，常以大片形成所谓芦苇荡；常作造纸工业原料栽培。

习性：适应性强，耐寒，耐热，喜阳，水湿，生长快，对土壤要求不严，但以富含有机质、肥沃的黏性湖塘泥为好。

成株生长发育节律：北京地区4月上旬萌动，花果期7～11月份，种子败育，绿期4～11月份。

繁殖栽培技术要点：春季萌动或分株，栽培管理简易。

应用：湿地丛植和片植。

花叶芦苇

【黄菖蒲】*Iris pseudacorus*

科属：鸢尾科鸢尾属。

植物学特征：多年生草本；具根壮茎，株高90～120 cm；叶宽线形或剑形，两列；花茎分枝多，高出叶上，蝎尾状聚伞花序，花黄色；蒴果。

产地分布：原产南非；在我国栽培近半个世纪。

习性：适应性强，耐寒，耐热，耐湿也耐旱，喜阳，对土壤要求不严，但以富含有机质、肥沃的土壤为好，也适宜在潮湿或水中生长。

成株生长发育节律：北京地区3月下旬萌动，花期5～6月份，果熟期7～8月份，绿期3～11月份。

繁殖栽培技术要点：春季分块根或播种，栽培管理简易。

应用：陆地或湿地丛植、片植和药用。

【石菖蒲】*Acorus gramineus*

科属：天南星科菖蒲属。

植物学特征：常绿多年生水生草本；株高60～80 cm，全株具香气，根状茎于地下匍匐横走；叶基生，剑状条形，无柄，全缘，先端尖，质韧，有光泽；花茎叶状，扁三棱形；肉穗花序，无柄，佛焰苞叶状侧生，花两性，黄绿色，密生；浆果。

产地分布：原产我国；分布长江以南地区。

习性：耐热，不耐寒，喜阳又稍耐阴，水湿，但以富含有机质、肥沃的黏质壤土为好。

成株生长发育节律：北京地区4月份盆栽移出室外或种植湿地，花期5～6月份，果期6～10月份。

繁殖栽培技术要点：秋季或早春分株，北方盆栽或种植湿地，盆栽保持盆内有水。

应用：湿地丛植、片植、盆花和药用。

【茭白】*Zizania latifolia*　又名茭笋

科属：禾本科菰属。

植物学特征：多年生水生草本；秆高100～200 cm，直立，根状茎细长，须根粗壮，基部节上具不定根；叶鞘肥厚，长于节间，叶舌膜质，呈三角形，叶片长30～50 cm，分枝多数簇生，基部分枝开展；雄小穗常生于花序的下部，具短柄，紫色，雌小穗多位于花序的上部；颖果，圆柱形。

产地分布：原产我国，分布南北各地；生于湖泊、池沼边缘，常和芦苇、香蒲成带状混生；常作食用作物栽培。

习性：适应性强，耐寒，耐热，喜阳，水湿，生长快，对土壤要求不严，但以富含有机质、肥沃的黏性湖塘泥为好。

成株生长发育节律：北京地区4月中旬萌动，花果期7～9月份，绿期4～10月份。

繁殖栽培技术要点：春季萌动或分株，栽培管理简易。

应用：湿地丛植、片植和食用。

【蒲草】*Typha angustifolia*　又名香蒲、水烛

科属：香蒲科香蒲属。

植物学特征：多年生沼生草本，株高150～300 cm；叶线形，下部为鞘状，抱茎；肉穗花序，长30～60 cm，雌花序与雄花序间隔一段距离；坚果。

产地分布：原产我国，分布东北、华北、西北及南方各地；生于池沼、河旁、湖边；常见水生栽培。

习性：适应性强，耐寒，耐热，喜阳，水湿，对土壤要求不严，但以富含有机质、肥沃的黏性湖塘泥为好。

成株生长发育节律：北京地区4月上旬萌动，花期5～6月份，果熟期7～8月份，绿期4～10月份。

繁殖栽培技术要点：春季萌动或分株，栽培管理简易。

应用：湿地丛植和片植。

第六部分

应用景观

2008年奥运会会徽——中国印

2008年奥运会会徽——中国印

同一个世界 同一个梦想

市花与乡土花卉配植景观

跨栏、乒乓球和太极拳不同形式的造型

市花——菊花、月季配植景观

京剧脸谱、腰鼓、龙舟、竹伐和羊皮筏子不同形式的造型

观叶花卉配植景观1

观叶花卉配植景观4

观叶花卉配植景观2

观叶花卉配植景观5

观叶花卉配植景观3

一、二年生花卉配植景观3

一、二年生花卉配植景观5

一、二年生花卉配植景观6

一、二年生花卉配植景观7

多年生花卉配植景观1

多年生花卉配植景观3

阴生花卉配植景观1

阴生花卉配植景观2

水生植物配植景观1

水生植物配植景观2

水生植物配植景观3

水系景观1

水系景观2

水系景观3

水系景观4

水系景观5

水系景观6

水系景观7

水系景观8

第七部分

附 表

附表1　130种夏季乡土花卉

类　别	品 种	学　名	科属名称	原产及分布地	株 高(cm)	花　期(月份)	花色	观赏部位	主 要 习 性	主要繁殖方法	用　途
一、二年生花卉	黄蜀葵	*Abelmoschus manihot*	锦葵科 秋葵属	中国	100～150	7～10	黄色	花	花期长，开花群体效果好，耐高温高湿	播种	花坛、花境、丛植、地被、切花、盆花、药用
	翠菊	*Callistephus chinensis*	菊科 翠菊属	中国	30～60	6～9	多色	花	花色艳丽，开花群体效果好，耐高温高湿	播种	花坛、花境、切花、盆花
	夏堇	*Torenia fournieri*	玄参科 蓝猪耳属	中国及越南	20～40	6～10	多色	花	开花群体效果好，耐高温高湿	播种、扦插	花坛、花境、盆花
	紫苏	*Perilla frutescens* var.*crispa*	唇形科 紫苏属	中国、印度和缅甸	50～150	6～10	紫色	叶	群体观赏效果好，耐修剪，自播繁衍能力强，耐高温高湿	播种或自播	花坛、花境、丛植、地被、食用、药用
	裂叶荆芥	*Schizonepeta tenuifolia*	唇形科 裂叶荆芥属	中国	50～100	6～8	青紫色	花	群体观赏效果好，耐修剪，自播繁衍能力强，耐高温高湿	播种或自播	花坛、花境、地被、切花、食用、药用
	尾穗苋	*Amaranthus caudatus*	苋科 苋属	在中国有野生分布	80～120	5～11	紫红、黄	叶、茎、果穗	群体观赏效果好，生长快，自播繁衍能力强，耐高温高湿	播种或自播	花坛、花境、丛植、地被、切花、食用
	千日红	*Gomphrena globosa*	苋科 千日红属	在中国有野生分布	30～50	5～10	紫红	花	花期长，开花群体效果好，耐高温高湿	播种	花坛、花境、切花、盆花、药用
	红蓼	*Polygonum orientale*	蓼科 蓼属	中国	150～200	7～11	红色	果穗	观赏期长，群体效果好，生长快，自播繁衍能力强，耐高温高湿	播种或自播	花境、丛植、地被、切花、食用
	毛蕊花	*Verbascum thapsus*	玄参科 毛蕊花属	中国	80～100	5～11	银灰色	叶	开花群体效果好，耐高温高湿	播种、分株	花境、丛植、地被、药用、芳香
	毛曼陀罗	*Datula innoxia*	茄科 曼陀罗属	中国	100～150	6～10	白色	花	群体效果好，生长快，自播繁衍能力强，耐高温高湿		丛植、地被、药用
	★半支莲	*Portulaca grandiflora*	马齿苋科 马齿苋属	巴西	15～25	6～10	多色	花	花期长，开花群体效果好，耐高温高湿	播种或自播	花坛、花境、地被、盆花、药用
	★波斯菊	*Cosmos bipinnatus*	菊科 秋英属	墨西哥	40～100	6～10	多色	花	花期长，开花群体效果好，耐高温高湿	播种或自播	花境、丛植、地被
	★月见草	*Oenothera biennis*	柳叶菜科 月见草属	北美洲	60～100	6～9	黄色	花	花期长，开花群体效果好，耐高温高湿	播种或自播	花坛、花境、药用
	★风铃草	*Campanula medium*	桔梗科 风铃草属	南欧	80～100	6～8	白、蓝、紫色	花	开花群体效果好，耐高温高湿	播种或自播	花坛、花境、切花、药用
	圆叶牵牛	*Pharbitis purpurea*	旋花科 牵牛花属	中国分布广	100～400	7～9	多色	花	花期长，开花群体效果好，生长快，缠绕爬蔓能力强，自播繁衍能力强，耐高温高湿	播种或自播	地被、垂直、药用

续附表1　130种夏季乡土花卉

类别	品种	学名	科属名称	原产及分布地	株高(cm)	花期(月份)	花色	观赏部位	主要习性	主要繁殖方法	用途
多年生花卉	★大花牵牛	*Pharbitis limbata*	旋花科 牵牛花属	南美洲	100～400	6～10	多色	花	花大，花期长，开花群体效果好，生长快，缠绕爬蔓能力强，耐高温高湿	播种或自播	地被、垂直
	★裂叶茑萝	*Quamoclit lobata*	旋花科 茑萝属	美洲	100～300	6～10	红、粉色	花	花期长，开花群体效果好，生长快，缠绕爬蔓能力强，耐高温高湿	播种或自播	地被、垂直
	★羽叶茑萝	*Quamoclit pennata*	旋花科 茑萝属	美洲	100～300	6～10	红、粉色	花	花期长，开花群体效果好，生长快，缠绕爬蔓能力强，耐高温高湿	播种或自播	地被、垂直
	夏菊	*Dendranthema morifolium*	菊科 菊属	中国	25～50	6～10	多色	花	日中性，夏季开花正常，耐高温高湿	扦插、分株	花坛、花境、地被、盆花
	甘野菊	*Dendranthema lavandulifolium* var.*seticuspe*	菊科 菊属	中国	30～120	7～9	黄色	花	夏季开花正常，耐修剪，抗逆性强	扦插、分株	花坛、花境、地被、药用
	大马齿苋	*Portulaca oleracea* var.*gigantes*	马齿苋科 马齿苋属	中国有分布	15～25	6～10	多色	花	花期长，开花群体效果好，耐修剪，耐高温高湿	扦插、分株	花坛、花境、盆花、药用
	射干	*Belamcanda chinensis*	鸢尾科 射干属	中国	30～90	7～8	橘黄色	花	开花群体效果好，耐高温高湿	播种、分株	花坛、丛植、花境、药用
	东北婆婆纳	*Veronica rotunda* var.*subintegra*	玄参科 婆婆纳属	中国	50～100	6～10	蓝色	花	开花群体效果好，耐修剪，耐高温高湿	播种、扦插	花境、丛植、地被、切花、盆花、饲用
	细叶婆婆纳	*Veronica linariifoia*	玄参科 婆婆纳属	中国	30～80	6～10	白、蓝色	花	开花群体效果好，耐修剪，耐高温高湿	播种、扦插	花境、丛植、地被、切花、盆花、药用
	轮叶婆婆纳	*Veronicastrum sibiricum*	玄参科 婆婆纳属	中国	80～120	6～10	青紫色	花	开花群体效果好，耐修剪，耐高温高湿	播种、扦插	花境、丛植、地被、切花、药用
	白屈菜	*Chelidonium majus*	罂粟科 白屈菜属	中国	50～100	4～10	黄色	花	开花群体效果好，耐修剪，耐高温高湿	播种	花境、丛植、地被、药用
	黄芩	*Scutellaria baicalensis*	唇形科 黄芩属	中国	40～80	6～10	蓝色	花	开花群体效果好，耐修剪，耐高温高湿	播种	花境、丛植、地被、盆花、食用、药用
	华北蓝盆花	*Scabiosa tschiliensis*	川续断科 蓝盆花属	中国	30～60	8～10	蓝色	花	开花群体效果好，耐修剪，耐高温高湿	播种、分株	花坛、花境、丛植、地被、切花、盆花、药用
	沙参	*Adenophora tetraphylla*	桔梗科 沙参属	中国	80～120	7～9	蓝色	花	开花群体效果好，耐修剪，耐高温高湿	播种、分株	花境、地被、药用
	萝藦	*Metaplexis japonica*	萝藦科 萝藦属	中国	100～300	6～8 7～9	花白色 果纺锤形	花 果	观赏群体效果好，生长快，缠绕爬蔓能力强，耐高温高湿	播种	地被、垂直、药用

续附表1　130种夏季乡土花卉

类别	品种	学名	科属名称	原产及分布地	株高(cm)	花期(月份)	花色	观赏部位	主要习性	主要繁殖方法	用途
	蓝刺头	*Echinops latifolius*	菊科 蓝刺头属	中国	40～80	7～8	蓝色	花	开花群体效果好，耐修剪，耐高温高湿	播种、分株	花境、地被、药用
	黄花龙芽	*Patrinia scabiosaefolia*	败酱科 败酱属	中国	80～120	6～8	黄色	花	开花群体效果好，耐修剪，耐高温高湿	播种、分株	花境、地被、药用
	狼尾花	*Lysimachia barystachys*	报春花科 狼尾花属	中国	50～70	6～8	白色	花	开花群体效果好，耐修剪，耐高温高湿	播种、分株	花境、丛植、地被、药用
	大花剪秋萝	*Lychnis fulgens*	石竹科 剪秋萝属	中国	50～80	6～9	红色	花	开花群体效果好，耐修剪，耐高温高湿	播种、分株	花境、地被
	长叶车前	*Plantago lanceolata*	车前科 车前属	中国	5～20	4～11	绿色	叶	观赏群体效果好，耐高温高湿	播种、分株	花坛、花境、地被、盆花、药用
	荠苨	*Adenophora trachelioides*	桔梗科 沙参属	中国	50～100	6～8	蓝、白色	花	开花群体效果好，耐修剪，耐高温高湿	播种	花境、地被、药用
	花叶香茶菜	*Plectranthus coleoides*	唇形科 香茶菜属	中国	30～60	4～11	花叶	叶	观赏群体效果好，耐修剪，耐高温高湿	扦插	花坛、花境和盆栽
	重瓣萱草	*Hemerocallis fulva* var.*kwanso*	百合科 萱草属	中国	40～60	6～8	黄色	花	花期长，开花群体效果好，耐高温高湿	组培、分株	花境、丛植、地被、药用
	金娃娃萱草	*Hemerocallis × hybridus*	百合科 萱草属	中国	20～40	6～9	黄色	花	花期长，开花群体效果好，耐高温高湿	组培、分株	花境、丛植、地被、药用
	莲子草	*Alternanthera sessilis*	苋科 莲子草属	中国	30～80	4～10	紫色	叶	观赏群体效果好，耐修剪，耐高温高湿	播种、扦插	花坛、花境、丛植、地被、盆花
	垂盆草	*Sedum sarmentosum*	景天科 景天属	中国	10～20	5～6 3～12	黄色、浅绿色	花 叶	观赏群体效果好，耐修剪，生长快，自繁殖系数高，耐高温高湿，也耐阴	扦插、分株	花坛、花境、地被、盆花、药用
	景天三七	*Sedum aizoon*	景天科 景天属	中国	20～50	6～8	黄色	花	观赏群体效果好，耐修剪，生长快，自繁殖系数高，耐高温高湿	扦插、分株	花坛、花境、丛植、地被、盆花、药用
	八宝	*Sedum spectabile*	景天科 景天属	中国	30～70	8～10	多色	花	观赏群体效果好，耐修剪，生长快，自繁殖系数高，耐高温高湿	扦插、分株	花坛、花境、丛植、地被、盆花、药用
	大花旋覆花	*Inula britannica*	菊科 旋覆花属	中国	50～80	8～9	黄色	花	开花群体效果好，耐高温高湿	播种、分株	花境、地被、切花、药用
	牛扁	*Aconitum barbatum* var.*puberulum*	毛茛科 乌头属	中国	50～100	6～8	黄色	花	开花群体效果好，耐高温高湿	组培、播种、分株	花境、丛植、地被、切花、药用
	菊蒿	*Tanacetum vulgare*	菊科 艾菊属	中国	50～120	8～9	黄色	花	开花群体效果好，耐高温高湿	播种、分株	花境、地被、切花、药用

续附表1　130种夏季乡土花卉

类别	品种	学名	科属名称	原产及分布地	株高(cm)	花期(月份)	花色	观赏部位	主要习性	主要繁殖方法	用途
	直立黄耆	*Astragalus adsurgens*	豆科黄耆属	中国	20～60	6～8	紫红紫蓝色	花	开花群体效果好，耐高温高湿	播种、分株	花境、地被、饲料
	大叶铁线莲	*Clematis heracleifolia*	毛茛科铁线莲属	中国	50～60	7～9	蓝色	花	花期长，开花群体效果好，耐高温高湿，也耐阴	播种、分株	花境、地被、切花、盆花
	落新妇	*Astilbe chinensis*	虎耳草科落新妇属	中国	50～80	6～8	粉色	花	开花群体效果好，耐高温高湿，也耐阴	播种、分株	花坛、花境、丛植、地被、盆花、药用
	珠光香青	*Anaphalis margaritacea*	菊科香青属	中国	30～60	6～9	白色	花	开花群体效果好，耐高温高湿，也耐阴	播种、分株	花境、地被、干花、药用
	芒	*Miscanthus sinensis*	禾本科芒属	中国	100～200	花7～9 绿4～11	乳白色绿色	花叶	群体效果好，自生繁衍能力强，耐高温高湿，也稍耐阴	播种、分株	花境、丛植、地被、药用
	狼尾草	*Pennisetum alopecuroides*	禾本科狼尾草属	中国	80～100	花6～9 绿4～11	乳白色绿色	花叶	群体效果好，自生繁衍能力强，耐高温高湿，也稍耐阴	播种、分株	花境、丛植、地被、药用
	地涌金莲	*Musella lasiocarpa*	芭蕉科地涌金莲属	中国	50～120	周年(可控)	黄色	花	花火炬状，个体或群体效果好，耐高温高湿，也稍耐阴	组培、分株	花坛、花境点缀、盆花、药用
	★宿根天人菊	*Gaillardia aristata*	菊科天人菊属	北美	40～70	6～11	黄红色	花	花期长，开花群体效果好，耐高温高湿	播种、分株	花坛、花境、丛植、地被、盆花
	★福禄考	*Phlox paniculata*	花荵科福禄考属	北美	40～80	6～10	多色	花	花期长，开花群体效果好	播种、分株	花坛、花境、丛植、地被、盆花
	★假龙头	*Physostegia virginiana*	唇形科假龙头属	北美	50～80	7～10	粉、白色	花	花期长，开花群体效果好，自生繁衍能力强，耐高温高湿	分株、扦插	花坛、花境、丛植、地被、盆花
	★松果菊	*Echinacea purpurea*	菊科松果菊属	北美	80～120	6～10	白、紫色	花	花期长，开花群体效果好，耐高温高湿	播种、分株	花坛、花境、丛植、地被
	★矮生黑心菊	*Rudbeckia hybrida*	菊科金光菊属	北美	30～50	6～9	黄色(黑心有变化)		花期长，开花群体效果好	播种	花坛、花境、地被、盆花
	★玉带草	*Phalaris arundinacea* var.*picta*	禾本科虉草属	北美、欧洲	30～80	3～12	白色纵纹	叶	观叶期长，色彩艳丽，地被覆盖快，耐高温高湿	分株	花坛、花境、丛植、地被、盆花
	★芸香	*Ruta graveolen*	芸香科芸香属	欧洲及地中海	40～80	5～12	花黄色叶银灰	花叶	花期长，观叶观花群体效果好，耐修剪，抗逆性极强	播种、扦插	花坛、花境、丛植、地被、盆花、药用
	★蛇鞭菊	*Liatris spicata*	菊科蛇鞭菊属	北美	100～150	6～8	紫色	花	开花群体效果好，耐高温高湿	分球	花坛、花境、丛植、地被、盆花

续附表1 130种夏季乡土花卉

类别	品种	学名	科属名称	原产及分布地	株高(cm)	花期(月份)	花色	观赏部位	主要习性	主要繁殖方法	用途
	★一枝黄花	*Solidago decurrens*	菊科 一枝黄花属	北美	60～100	6～8	黄	花	开花群体效果壮观，耐高温高湿，自生繁衍能力强	分株、扦插	花境、丛植、地被、切花、药用
	★红花酢浆草	*Oxalis corymbosa*	酢浆草科 酢浆草属	南美 巴西	15～25	4～11	粉色	花	花期长，群体效果壮观，耐高温高湿，也稍耐阴，栽培管理粗放	分株	花坛、花境、地被、盆花、药用
	★串叶松香草	*Silphium perfoliatum*	菊科 松香草属	北美	150～300	8～10	黄色	花	开花群体效果好，抗逆性极强	播种、分株	花境、地被
	★肥皂花	*Saponaria officinalis*	石竹科 肥皂草属	欧洲	30～60	6～9	浅粉、白色	花	开花群体效果好，栽培管理粗放	播种	花境、地被、药用
	★滨菊	*Chrysanthemum leucanthemum*	菊科 滨菊属	欧洲	40～80	6～8	白色	花	开花群体效果好，耐高温高湿	播种、分株	花坛、花境、地被、切花
	★毛地黄	*Digitalis purpurea*	玄参科 毛地黄属	欧洲及亚洲西部	80～100	6～8	红色	花	开花群体效果好，色彩艳丽	播种、分株	花境、地被、药用
	★小冠花	*Coronilla varia*	豆科 小冠花属	欧洲及亚洲西部	30～90	6～8	紫色	花	开花群体效果好，耐修剪，耐高温高湿	播种	花坛、花境、地被、饲料
	★韭菜	*Allium tuberosum*	百合科 葱属	亚洲东部	25～80	7～9	白色	花	开花群体效果好，耐修剪，耐高温高湿	播种、分株	花境、丛植、地被、食用
	★金叶过路黄	*Lysimachia nummularia* 'Aurea'	报春花科 珍珠叶属	欧洲	10～15	4～11	黄色	叶	观叶期长，色彩艳丽，耐高温高湿	播种、分株	花境、地被、盆花、食用、饲用
	★美人蕉	*Canna generalis*	美人蕉科 美人蕉属	南美洲	100～150	6～10	红、黄色	花	花期长，色彩艳丽，地被覆盖效果好，耐高温高湿	分株	花坛、花境、地被、盆花、药用
	马蹄金	*Dichondra repens*	旋花科 马蹄金属	中国	80～150	5～10	银灰色	叶	观赏群体效果好，生长快，耐高温高湿	播种	地被、垂直
阴生花卉	玉簪	*Hosta plantaginea*	百合科 玉簪属	中国	30～40	6～8	白	花 叶	观赏效果好，耐高温高湿，也耐阴	组培、分株	林阴下丛植、片植、地被、盆花、药用
	紫萼	*Hosta ventricosa*	百合科 玉簪属	中国	20～30	6～8	紫	花 叶	观赏效果好，耐高温高湿，也耐阴	组培、分株	林阴下丛植、片植、地被、盆花、药用
	紫花地丁	*Viola yedoensis*	堇菜科 堇菜属	中国	15～20	花3～5 绿3～12	花紫色 叶绿色	花 叶	观赏效果好，绿期长，喜阳又耐阴，耐旱又耐湿，自生繁衍能力强，地被覆盖效果好	播种或自播	花境、地被（包括林阴下）、药用
	北乌头	*Aconitum kusnezoffii*	毛茛科 乌头属	中国	80～120	8～9	蓝	花	开花群体效果好，耐修剪	播种、分株	半林阴下花境、地被、药用

续附表1　130种夏季乡土花卉

类 别	品 种	学 名	科属名称	原产及分布地	株 高 (cm)	花 期 (月份)	花 色	观赏部位	主 要 习 性	主要繁殖方法	用 途
	连钱草	*Glechoma longituba*	唇形科 活血丹属	中国	10～20	3～12	绿色	叶	观赏效果好，绿期长，喜阳又耐阴，耐旱又耐湿，生长快，自生繁衍能力强，地被覆盖效果好	扦插、分株	花境、地被（包括林阴下）、药用
	蛇莓	*Duchesnea indica*	蔷薇科 蛇莓属	中国	10～20	花4～5 果5～10 绿3～12	花白色 果红色 绿色	花 果 叶	观赏效果好，绿期长，喜阳又耐阴，耐旱又耐湿，生长快，自生繁衍能力强，地被覆盖效果好	分株	花境、地被（包括林阴下）、药用
	狭苞橐吾	*Ligularia intermedia*	菊科 橐吾属	中国	40～80	6～8	黄色	花	开花群体效果好，耐修剪	播种、分株	半林阴下花境、地被、药用
	荚果蕨	*Matteuccia struthiopteris*	球子蕨科 荚果蕨属	中国	30～50	4～10	绿色	叶	观赏效果好，耐阴性强	分株、孢子繁殖	林阴下丛植、片植、地被、盆花
	华北鳞毛蕨	*Dryopteris laeta*	中国蕨科 鳞毛蕨属	中国	50～80	4～10	绿色	叶	观赏效果好，耐阴性强	分株、孢子繁殖	林阴下丛植、片植、地被、盆花
	★常春藤	*Hedera helix*	五加科 常春藤属	欧洲	400～1000	全年	绿色	叶	观赏效果好，绿期长，喜阳又耐阴，耐旱又耐湿，生长快，地被覆盖效果好	扦插、分株	地被、垂直、药用
	★紫露草	*Tradescantia reflexa*	鸭跖草科 紫露草属	北美	30～50	6～10	蓝	花	观赏效果好，喜阳又耐阴，耐修剪	播种、分株	花境、丛植、地被（包括林阴下）
水生花卉	水葱	*Scirpus tabernaemontani*	莎草科 藨草属	中国	100～150	花6～8 绿5～11	花灰色 叶绿色	花 叶	观赏效果好，自生繁衍能力强，宜在潮湿或水中生长	分株	湿地丛植、片植、盆花
	千屈菜	*Lythrum salicaria*	千屈菜科 千屈菜属	中国	80～150	7～9	紫红色	花	花期长，开花效果好，自生繁衍能力强，宜水生也耐旱	分株	宜作湿地或旱生的花境、丛植、片植、盆花、药用
	睡莲	*Nymphaea tetragona*	睡莲科 睡莲属	中国	浮水面	5～9	多色	花	花期长、观赏效果好	分株	水中丛植、片植、盆花、食用、药用
	荷花	*Nelumbo nucifera*	睡莲科 莲属	中国	60～150	6～9	多色	花	花期长、观赏效果好	分株	湿地丛植、片植、盆花、食用、药用
	蒲草	*Typha angustifolia*	香蒲科 香蒲属	中国	150～250	穗7～11 绿5～11	花紫色 叶绿色	蒲穗 植株	观赏效果好，生长快，自生繁衍能力强，宜在潮湿或水中生长	分株	湿地丛植、片植、大面积种植
	芦苇	*Phragmites communis*	禾本科 芦苇属	中国	150～300	穗7～11 绿4～11	花灰色 叶绿色	穗 植株	观赏效果好，生长快，自生繁衍能力强，宜在潮湿或水中生长	分株	湿地丛植、片植、大面积种植、药用
	花叶芦竹	*Arundo donax var.versicolor*	禾本科 芦竹属	中国	100～300	4～11	金黄纵纹	叶	观赏效果好，生长快，自生繁衍能力强，宜作湿地或旱地生长	组培、分株	花境、丛植、湿地、切花、药用

续附表1　130种夏季乡土花卉

类　别	品　种	学　名	科属名称	原产及分布地	株　高（cm）	花　期（月份）	花色	观赏部位	主　要　习　性	主要繁殖方法	用　途
	慈姑	*Sagittaria trifolia*	泽泻科 慈姑属	中国	60～120	7～9	白色	花	花期长，观赏效果好，自生繁衍能力强，宜在潮湿或水中生长	分株	湿地丛植、片植、大面积种植、食用、药用
	荇菜	*Nymphoides peltatum*	龙胆科 荇菜属	中国	浮水面	7～9	黄色	花	花期长，观赏效果好，自生繁衍能力强，宜在潮湿或水中生长	分株	湿地丛植、片植、盆花、药用、饲用
	芡实	*Euryale ferox*	睡莲科 芡实属	中国 及印度	浮水面	花7～9 果8～10	紫、 白色 绿色	花 刺果	花期长，观赏效果好，自生繁衍能力强，宜在潮湿或水中生长	播种	水中丛植、片植、食用、药用
	水蓼	*Polygonum hydropiper*	蓼科 蓼属	中国	60～100	花7～9 穗8～11	粉色 紫红色	花 果穗	花穗长，自生繁衍能力强，宜在潮湿或水中生长	播种、 分株	湿地或旱地花境、丛植、地被，切花、食用
	茭白	*Zizania latifolia*	禾本科 菰属	中国	100～200	5～11	绿色	叶	观赏效果好，生长快，自生繁衍能力强，宜在潮湿或水中生长	分株	湿地丛植、片植、食用
	芋头	*Colocasia esculenta*	天南星科 芋属	中国	50～100	6～10	绿色	叶	观赏效果好，宜作湿地或旱地生长	分株	旱地、湿地丛植、片植、食用
	★ 泽泻	*Alisma orientale*	泽泻科 泽泻属	东亚	50～80	6～8	复色	花	观赏效果好，自生繁衍能力强，宜在潮湿或水中生长	分株	湿地丛植、片植、盆花、药用
	★ 黄菖蒲	*Iris pseudacorus*	鸢尾科 鸢尾属	南非	60～100	花5～6 绿5～11	黄色 绿色	花 叶	叶长优美，群体效果好，自生繁衍能力强，宜作湿地或旱地生长	分株	旱地、湿地丛植、片植、药用
木本花卉	月季 ①月08等藤本月季	*Rosa chinesis* *Climbing Roses*			150～300		红色等				垂直、花境、盆花
	②菲扇等大花月季	*Floribunda Roses*	蔷薇科 蔷薇属	中国	40～100	5～11	粉色等	花	三季花开，花大艳丽，群体效果壮观，耐修剪，耐高温高湿	扦插	花坛、花境、地被、盆花
	③橘红潮等丰花月季	*Grandiflora Roses*			30～80		红色等				花坛、花境、地被、盆花 芳香
	紫薇 矮紫薇	*Lagerstroemia indica*	千屈菜科 紫薇属	中国	200～800 25～80	6～9	多色	花	开花群体效果好，耐修剪，抗逆性极强	扦插、 播种	孤植、丛植、地被、绿篱、药用
	荆条	*Vitex negundo var.heterophylla*	马鞭草+科 牡荆属	中国	100～300	7～8	蓝色	花	开花群体效果好，耐修剪，抗逆性极强	扦插	花境、丛植、地被及蜜蜂植物、药用
	扶桑	*Hibiscus rosa-sinensis*	锦葵科 木槿属	中国	100～600	5～10	多色	花	花期长，群体效果好，耐修剪，耐高温高湿	扦插	花坛、花境、盆花、药用

续附表1 130种夏季乡土花卉

类 别	品 种	学 名	科属名称	原产及分布地	株 高 (cm)	花 期 (月份)	花 色	观赏部位	主 要 习 性	主要繁殖方法	用 途
	华北香薷	*Elsholtzia stauntoni*	唇形科 香薷属	中国	80～200	8～10	紫红、白色	花	花期长，群体效果壮观，耐高温高湿	扦插	花境、丛植、地被、切花、药用
	四季玫瑰	*Rosa rugosa*	蔷薇科 蔷薇属	中国	100～150	5～10	紫色	花	花期长，群体效果壮观，耐高温高湿	扦插	花境、丛植、地被、食用、药用、芳香
	欧李	*Prunus humilis*	蔷微科 樱桃属	中国	80～150	花4 果7～8	多色 红、紫色	花 果	观果效果好，耐高温高湿	扦插、播种	丛植、地被、食用、药用
	歪头菜	*Vicia unijuga*	豆科 野豌豆属	中国	30～80	6～8	紫粉色	花	花期长，群体效果好，耐修剪，耐高温高湿	扦插	花境、丛植、地被、饲用
	滇丁香	*Luculia intermedia*	茜草科 滇丁香属	中国	200～400	5～10	红色	花	花期长，群体效果好，生长快，耐修剪，耐高温高湿	组培、扦插	花坛、花境、丛植、花篱、盆花、药用
	木芙蓉	*Hibiscus mutabilis*	锦葵科 木槿属	中国	200～500	7～10	多色	花	花期长，群体效果好，生长快，耐修剪，耐高温高湿	扦插	花境、丛植、片植、盆花
	糯米条	*Abelia chinensis*	忍冬科 六道木属	中国	250～400	7～10	粉红、白色	花	花期长，群体效果好，耐修剪，耐高温高湿	播种、扦插	花境、丛植、片植、药用
	东陵八仙花	*Hydrangea bretschneideri*	虎耳草科 绣球属	中国	100～300	6～8	白	花	花期长，群体效果好，耐修剪，耐高温高湿	播种、扦插	花境、丛植、片植
	接骨木	*Sambucus williamsii*	忍冬科 接骨木属	中国	300～600	花4～5 果8～9	花白色 果红色	花 果	花果群体效果好，耐修剪，耐高温高湿	播种、扦插	花境、丛植、片植、药用
	胡枝子	*Lespedeza bicolor*	豆科 胡枝子属	中国	100～200	7～8	紫红色	花	开花群体效果好，耐修剪，耐高温高湿	播种、扦插	花境、丛植、片植、药用、饲用
	重瓣棣棠	*Kerria japonica* var.*pleniflora*	蔷薇科 棣棠属	中国	100～200	5～9	黄色	花	花期长，群体效果好，耐修剪，耐高温高湿	扦插	丛植、花境、地被
	柱花醉鱼草	*Buddleja chlindrostachya*	马钱科 醉鱼草属	中国	100～200	7～12	粉色	花	花期长，生长快，生长茂盛，耐修剪，抗逆性强	播种、扦插	花境、丛植、地被、切花、芳香
	金叶莸	*Caryopteris clandonensis* 'Worcester Gold'	马鞭草科 莸属	中国	50～100	6～8	蓝色、黄色	花 叶	叶色金黄，观赏期长，群体效果好，耐修剪，耐高温高湿	扦插	丛植、地被、绿篱
	大叶醉鱼草	*Buddleja davidii*	马钱科 醉鱼草属	中国	100～200	7～11	多色	花	花期长，生长快，生长茂盛，耐修剪，抗逆性强	播种、扦插	花境、丛植、地被、切花、芳香
	★凤尾蓝	*Yucca gloriosa*	百合科 丝蓝属	北美	50～150	6～10	白色	花	株型美观，花期长，耐高温高湿	分株、播种	花境、丛植、地被

续附表1　130种夏季乡土花卉

类别	品种	学名	科属名称	原产及分布地	株高(cm)	花期(月份)	花色	观赏部位	主要习性	主要繁殖方法	用途
	树状月季	*Tree roses*	蔷薇科 蔷薇属	中国	150～250	5～11	多色	花	花期长，耐修剪，抗逆性强	嫁接	行道树、丛植、盆栽
	合欢	*Albizzia julibrissin*	豆科 合欢属	中国有分布	800～1600	6～8	粉红色	花	树型美观，开花群体效果好，耐高温高湿	扦插	孤植、片植、行道树、药用
	栾树	*Koelreuteria paniculata*	无患子科 栾树属	中国	500～1200	花6～8 果8～10	花黄色 果红色	花 果	观花观果期长，群体效果好，耐高温高湿	播种、扦插	孤植、片植、行道树、食用
	木槿	*Hibiscus syriacus*	锦葵科 木槿属	中国	200～300	7～10	多色	花	花期长，群体效果好，耐修剪，耐高温高湿	扦插	花境、丛植、盆花
	四季桂	*Osmanthus fragrans 'Semperflorens'*	木犀科 木犀属	中国	200～800	5～9	黄、白色	花	花期长，群体效果好，芳香，耐高温高湿	播种、扦插	花坛或花境点缀、食用、药用
	黄槐	*Cassia surattensis*	豆科 决明属	中国有分布	300～500	8～11	黄色	花	花期长，群体效果好，耐修剪，耐高温高湿，不耐寒	播种、扦插	花坛、花境、丛植、盆花、药用
	★夹竹桃	*Nerium indicum*	夹竹桃科 夹竹桃属	印度、伊朗等	300～500	6～10	红、粉色	花	花期长，群体效果好，耐修剪，耐高温高湿，不耐寒	扦插	花坛、花境、盆花
	三角花	*Bougainvillea spectabilis*	紫茉莉科 三角花属	巴西	50～300	5～10	多色	花	花期长，群体效果好，耐修剪，耐高温高湿，不耐寒	扦插	花坛、花境、垂直、盆花
	五色梅	*Lantana camara*	马鞭草科 马缨丹属	中国有分布	100～200	5～10	多色	花	花期长，群体效果好，耐修剪，耐高温高湿，不耐寒	扦插	花坛、花境、盆花
	金银花	*Lonicera japonica*	忍冬科 忍冬属	中国	长达6m	6～8	初白，后变黄色	花	开花群体效果好，生长快，缠绕爬蔓能力强，耐高温高湿	扦插	地被、垂直、食用、药用
	山荞麦	*Polygonum aubertii*	蓼科 蓼属	中国	长达8m	8～10	白色	花	开花群体效果好，生长快，缠绕爬蔓能力强，耐高温高湿	播种、扦插	地被、垂直、药用
	★美国凌霄	*Campsis cadicaus*	紫葳科 凌霄属	美洲	长达10m	6～8	红、橘红色	花	开花群体效果好，生长快，缠绕爬蔓能力强，耐高温高湿	扦插	垂直
	★贯月忍冬	*Lonicera sempervirens*	忍冬科 忍冬属	北美	长达5m	6～10	橘红色	花	开花群体效果好，生长快，缠绕爬蔓能力强，耐高温高湿	扦插	垂直、地被

注：★在中国栽培历史悠久、能自生繁衍的也划分为乡土花卉。

附表2 90种药用花卉

品 种	学 名	科属名称	原产及分布地	株高（cm）	花期（月份）	药用部位	主要习性	主要繁殖方法
紫苏	*Perilla frutescens* var.*crispa*	唇形科 紫苏属	中国、印度和缅甸	50～150	6～10	叶、种子	适应性广，生长快，耐修剪，自播繁衍能力强	播种或自播
黄蜀葵	*Abelmoschus manihot*	锦葵科 秋葵属	中国	100～150	7～10	果实	适应性广，生长快，自播繁衍能力强	播种或自播
裂叶荆芥	*Schizonepeta tenuifolia*	唇形科 裂叶荆芥属	中国	50～100	6～8	全草	适应性广，生长快，耐修剪，自播繁衍能力强	播种或自播
毛曼陀罗	*Datula innoxia*	茄科 曼陀罗属	中国	100～150	6～10	花、叶、种子	适应性广，生长快，耐修剪，自播繁衍能力强	播种或自播
千日红	*Gomphrena globosa*	苋科 千日红属	在中国有野生分布	30～50	5～10	果实	生长快，耐修剪，自播繁衍能力强，抗逆性强	播种
毛蕊花	*Verbascum thapsus*	玄参科 毛蕊花属	中国	80～100	5～11	根	生长快，耐修剪，自播繁衍能力强，抗逆性强	播种、分株
甘野菊	*Dendranthema lavandulifolium* var.*seticuspe*	菊科 菊属	中国	30～120	7～9	花	适应性广，耐修剪，自播繁衍能力强，抗逆性强	扦插、分株
大马齿苋	*Portulaca oleracea* var. *gigantes*	马齿苋科 马齿苋属	中国有分布	15～25	6～10	全草	适应性广，耐修剪，自播繁衍能力强，抗逆性强	扦插、分株
射干	*Belamcanda chinensis*	鸢尾科 射干属	中国	30～90	7～8	果实、根	适应性广，抗逆性强	播种、分株
白屈菜	*Chelidonium majus*	罂粟科 白屈菜属	中国	50～100	4 ～10	全草、根	适应性广，耐修剪，自播繁衍能力强，抗逆性强	播种
黄芩	*Scutellaria baicalensis*	唇形科 黄芩属	中国	40～80	6～10	根	适应性广，耐修剪，自播繁衍能力强，抗逆性强	播种
华北蓝盆花	*Scabiosa tschiliensis*	川续断科 蓝盆花属	中国	30～60	8～10	根、全草	适应性广，耐修剪，自播繁衍能力强，抗逆性强	播种、分株
沙参	*Adenophora tetraphylla*	桔梗科 沙参属	中国	80～120	7～9	根	适应性广，耐修剪，自播繁衍能力强，抗逆性强	播种、分株
蓝刺头	*Echinops latifolius*	菊科 蓝刺头属	中国	40～80	7～8	全草	适应性广，耐修剪，自播繁衍能力强，抗逆性强	播种、分株
黄花龙芽	*Patrinia scabiosaefolia*	败酱科 败酱属	中国	80～120	6～8	根	适应性广，耐修剪，自播繁衍能力强，抗逆性强	播种、分株

续附表2　90种药用花卉

品　种	学　名	科属名称	原产及分布地	株高（cm）	花期（月份）	药用部位	主要习性	主要繁殖方法
景天三七	*Sedum aizoon*	景天科 景天属	中国	20～50	6～8	全草	适应性广，耐修剪，自播繁衍能力强，抗逆性强	扦插、分株
八宝	*Sedum spectabile*	景天科 景天属	中国	30～70	8～10	全草	适应性广，耐修剪，自播繁衍能力强，抗逆性强	扦插、分株
垂盆草	*Sedum sarmentosum*	景天科 景天属	中国	10～20	5～6 3～12	全草	适应性广，耐修剪，自播繁衍能力强，抗逆性强	扦插、分株
大花旋覆花	*Inula britannica*	菊科 旋覆花属	中国	50～80	8～9	花	适应性广，耐修剪，自播繁衍能力强，抗逆性强	播种、分株
牛扁	*Aconitum barbatum* var. *puberulum*	毛茛科 乌头属	中国	50～100	6～8	根、花	适应性广，抗逆性强	组培、播种、分株
菊蒿	*Tanacetum vulgare*	菊科 艾菊属	中国	50～120	8～9	花	适应性广，耐修剪，自播繁衍能力强，抗逆性强	播种、分株
落新妇	*Astilbe chinensis*	虎耳草科 落新妇属	中国	50～80	6～8	根	稍耐阴，喜温暖和喜湿润排水良好的沙质壤土	播种、分株
珠光香青	*Anaphalis margaritacea*	菊科 香青属	中国	30～60	6～9	花	适应性广，抗逆性强	播种、分株
毛地黄	*Digitalis purpurea*	玄参科 毛地黄属	欧洲及亚洲西部	80～100	5～8	根	适应性广，喜温暖和喜湿润排水良好的沙质壤土	播种、分株
狼尾草	*Pennisetum alopecuroides*	禾本科 狼尾草属	中国	80～100	花6～9 绿4～11	根	适应性广，耐修剪，自播繁衍能力强，抗逆性强	播种、分株
荠苨	*Adenophora trachelioides*	桔梗科 沙参属	中国	50～100	6～8	根、果实	适应性广，抗逆性强	播种
长叶车前	*Plantago lanceolata*	车前科 车前属	中国	15～25	5～9	全草	适应性广，抗逆性强	播种、分株
玉簪	*Hosta plantaginea*	百合科 玉簪属	中国	30～40	6～8	花、根	耐阴，喜温暖和喜湿润排水良好的沙质壤土	组培、分株
紫萼	*Hosta ventricosa*	百合科 玉簪属	中国	20～30	6～8	花、根	耐阴，喜温暖和喜湿润排水良好的沙质壤土	组培、分株
紫花地丁	*Viola yedoensis*	堇菜科 堇菜属	中国	15～20	花3 ～5	全草	适应性广，自播繁衍能力强，抗逆性强	播种或自播

续附表2 90种药用花卉

品 种	学 名	科属名称	原产及分布地	株高（cm）	花期（月份）	药用部位	主要习性	主要繁殖方法
连钱草	*Glechoma longituba*	唇形科 活血丹属	中国	10～20	3～12	全草	适应性广，自播繁衍能力强，抗逆性强	扦插、分株
蛇莓	*Duchesnea indica*	蔷薇科 蛇莓属	中国	10～20	花4～5 果5～10	全草	适应性广，自播繁衍能力强，抗逆性强	分株
狭苞橐吾	*Ligularia intermedia*	菊科 橐吾属	中国	40～80	6～8	全草	适应性广，耐修剪，自播繁衍能力强，抗逆性强	播种、分株
北乌头	*Aconitum kusnezoffii*	毛茛科 乌头属	中国	80～120	8～9	根	适应性广，自播繁衍能力强，抗逆性强	播种、分株
大花剪秋萝	*Lychnis fulgens*	石竹科 剪秋萝属	中国	50～80	6～9	全草	生长快，耐修剪，喜温暖和喜湿润排水良好的沙质壤土	播种
魁蓟	*Cirsium leo*	菊科 蓟属	中国	100～150	6～8	根	生长快，耐修剪，喜温暖和喜湿润排水良好的沙质壤土	播种、分株
轮叶婆婆纳	*Veronicastrum sibiricum*	玄参科 婆婆纳属	中国	80～120	6～10	全草	适应性广，耐修剪，抗逆性强	播种、扦插
重瓣萱草	*Hemerocallis fulva* var.*kwanso*	百合科 萱草属	中国	40～60	6～8	根、花	适应性较好，喜温暖和喜湿润排水良好的沙质壤土	组培、分株
金娃娃萱草	*Hemerocallis × hybridus*	百合科 萱草属	中国	20～40	6～9	根、花	适应性较好，喜温暖和喜湿润排水良好的沙质壤土	组培、分株
莲子草	*Alternanthera sessilis*	苋科 莲子草属	中国	30～80	4～10	全草	适应性较好，喜温暖和喜湿润排水良好的沙质壤土	播种、扦插
芒	*Miscanthus sinensis*	禾本科 芒属	中国	100～200	花7～9 绿4～11	全草	适应性广，抗逆性强	播种、分株
地涌金莲	*Musella lasiocarpa*	芭蕉科 地涌金莲属	中国	50～120	冬季 早春	花	稍耐阴，喜高温高湿环境	组培、分株
萝藦	*Metaplexis japonica*	萝藦科 萝藦属	中国	100～300	6～8 7～9	果实	生长快，缠绕爬蔓能力强，自播繁衍能力强，抗逆性强	播种
圆叶牵牛	*Pharbitis purpurea*	旋花科 牵牛花属	中国 分布广	100～400	7～9	花	花期长，适应性广，抗逆性强	播种或自播
千叶蓍	*Achillea millefolium*	菊科 蓍属	中国有分布	40～80	6～8	全草	适应性广，喜温暖和喜湿润排水良好的沙质壤土	播种

续附表2　90种药用花卉

品　种	学　名	科属名称	原产及分布地	株 高（cm）	花　期（月份）	药用部位	主 要 习 性	主要繁殖方法
蕨叶蓍	*Achillea filipendulina*	菊科 蓍属	中国有分布	80～100	6～8	全草	适应性较好，喜温暖和喜湿润排水良好的沙质壤土	播种、分株
长春花	*Catharanthus roseus*	夹竹桃科 长春花属	南亚及非洲东部	30～50	6～10	全草	耐修剪，喜温暖和喜湿润排水良好的沙质壤土	播种
薏苡	*Coix lacryma－jobi*	禾本科 薏苡属	广布世界各地	100～150	果7～10	果实	生长快，喜温暖和喜湿润排水良好的沙质壤土	播种
霍香蓟	*Ageratum houstonianum*	菊科 霍香蓟属	墨西哥	25～40	4～11	全草	生长快，耐修剪，喜温暖和喜湿润排水良好的沙质壤土	播种、扦插
肥皂花	*Saponaria officinalis*	石竹科 肥皂草属	欧洲	30～60	6～9	全草	耐修剪，喜温暖和喜湿润排水良好的沙质壤土	播种、分株
美国薄荷	*Monarda didyma*	唇形科 薄荷属	北美	80～100		全草	生长快，耐修剪，喜温暖和喜湿润排水良好的沙质壤土	播种
花叶薄荷	*Mantha rotundifolia* 'Variegata'	唇形科 薄荷属	北美	50～80	7～9	全草	生长快，耐修剪，喜温暖和喜湿润排水良好的沙质壤土	扦插
半支莲	*portulaca grandiflora*	马齿苋科 马齿苋属	巴西	15～25	6～10	全草	适应性广，耐修剪，自播繁衍能力强，抗逆性强	播种或自播
月见草	*Oenothera biennis*	柳叶菜科 月见草属	北美洲	60～100	6～9	全草	耐修剪，喜温暖和喜湿润排水良好的沙质壤土	播种或自播
蛇鞭菊	*Liatris spicata*	菊科 蛇鞭菊属	北美	100～150	6～8	块根	适应性广，喜温暖和喜湿润排水良好的沙质壤土	分球
一枝黄花	*Solidago decurrens*	菊科 一枝黄花属	北美	60～100	6～8	全草、根	适应性广，耐修剪，自播繁衍能力强，抗逆性强	分株、扦插
常春藤	*Hedera helix*	五加科 常春藤属	欧洲	400～1000	全年	全草	适应性广，耐修剪，自播繁衍能力强，抗逆性强	扦插、分株
红花酢浆草	*Oxalis corymbosa*	酢浆草科 酢浆草属	巴西	10～25	4～11	根	适应性较好，自播繁衍能力强，也稍耐阴	分株
红花烟草	*Nicotiana x sanderae*	茄科 烟草属	南美	60～80	6～8	叶	生长快，喜温暖和喜湿润排水良好的沙质壤土，不耐寒	播种
吊竹梅	*Zebrina pendula*	鸭跖草科 鸭跖草属	墨西哥	60～100	7～8	全草	生长快，耐修剪，喜温暖和喜湿润排水良好的沙质壤土	播种、扦插

续附表2　90种药用花卉

品种	学名	科属名称	原产及分布地	株高（cm）	花期（月份）	药用部位	主要习性	主要繁殖方法
孔雀草	*Tagetes patula*	菊科 万寿菊属	中美洲	20～50	6～11	花	花期长，适应性广，耐修剪，抗逆性强	播种或自播
到手香	*Pogostemon cablin*	唇形科 刺蕊草属	东南亚	15～30		全草	喜阳又耐阴，生长快，喜温暖和喜湿润排水良好的沙质壤土	扦插
黄菖蒲	*Iris pseudacorus*	鸢尾科 鸢尾属	南非	60～100	花5～6 绿5～11	根	适应性广，自播繁衍能力强，宜在潮湿或水中生长	分株
风铃草	*Campanula medium*	桔梗科 风铃草属	南欧	80～100	6～8	全草	适应性较好，喜温暖和喜湿润排水良好的沙质壤土	播种
美人蕉	*Canna generalis*	美人蕉科 美人蕉属	南美洲	100～150	6～10	根、花	适应性广，宜在陆地或水中生长	分株
千屈菜	*Lythrum salicaria*	千屈菜科 千屈菜属	中国	80～150	7～9	全草	适应性广，耐修剪，自播繁衍能力强，抗逆性强	分株
荷花	*Nelumbo nucifera*	睡莲科 莲属	中国	60～150	6～9	茎、种子	适应性广，自播繁衍能力强，宜在潮湿或水中生长	分株
芦苇	*Phragmites communis*	禾本科 芦苇属	中国	150～300	穗7～11 绿4～11	根	适应性广，生长快，自生繁衍能力强，宜在潮湿或水中生长	分株
慈姑	*Sagittaria trifolia*	泽泻科 慈姑属	中国	60～120	7～9	根	适应性广，自播繁衍能力强，宜在潮湿或水中生长	分株
花叶芦竹	*Arundo donax* var.*versicolor*	禾本科 芦竹属	中国	100～300	4～11	根	适应性广，生长快，自生繁衍能力强，宜在潮湿或水中生长	组培、分株
凤眼莲	*Eichhornia crassipes*	雨久花科 凤眼莲属	南美	25～40	6～9	全草	适应性广，自播繁衍能力强，宜在潮湿或水中生长	分株
睡莲	*Nymphaea tetragona*	睡莲科 睡莲属	中国	浮水面	5～9	花、茎、根	适应性广，自播繁衍能力强，宜在水中生长	分株
荇菜	*Nymphoides peltatum*	龙胆科 莕菜属	中国	浮水面	7～9	全草	适应性广，自播繁衍能力强，宜在水中生长	分株
泽泻	*Alisma orientale*	泽泻科 泽泻属	中国有分布	50～80	6～8	全草	适应性广，自播繁衍能力强，宜在潮湿或水中生长	分株
金银花	*Lonicera japonica*	忍冬科 忍冬属	中国	长达6m	6～8	花	适应性广，生长快，缠绕爬蔓能力强，抗逆性强	播种、扦插

续附表2 90种药用花卉

品种	学名	科属名称	原产及分布地	株高（cm）	花期（月份）	药用部位	主要习性	主要繁殖方法
山荞麦	*Polygonum aubertii*	蓼科 蓼属	中国	长达8m	8～10	花、种子	花期长，适应性广，抗逆性强	
紫薇 矮紫薇	*Lagerstroemia indica*	千屈菜科 紫薇属	中国	200～800 25～80	6～9	果实	适应性广，耐修剪，抗逆性强	扦插、播种
华北香薷	*Elsholtzia stauntoni*	唇形科 香薷属	中国	80～200	8～10	叶、种子	适应性广，耐修剪，抗逆性强	扦插
四季玫瑰	*Rosa rugosa*	蔷薇科 蔷薇属	中国	100～150	5～10	花	适应性广，耐修剪，抗逆性强	扦插、播种
欧李	*Prunus humilis*	蔷微科 樱桃属	中国	800～150	花4 果7～8	果实	适应性广，耐修剪，抗逆性强	扦插、播种
荆条	*Vitex negundo* var.*heterophylla*	马鞭草科 牡荆属	中国	100～300	7～8	花	花期长，适应性广，抗逆性强	扦插或自播
滇丁香	*Luculia intermedia*	茜草科 滇丁香属	中国	200～400	5～10	花	生长快，耐修剪，喜高温高湿，不耐寒	组培，扦插
糯米条	*Abelia chinensis*	忍冬科 六道木属	中国	250～400	7～10	花	适应性广，耐修剪，抗逆性强	播种、扦插
接骨木	*Sambucus williamsii*	忍冬科 接骨木属	中国	300～600	花4～5 果8～9	果实	适应性广，耐修剪，抗逆性强	播种、扦插
胡枝子	*Lespedeza bicolor*	豆科 胡枝子属	中国	100～200	7～8	果实	适应性广，耐修剪，抗逆性强	播种、扦插
五色梅	*Lantana camara*	马鞭草科 马缨丹属	中国 有分布	100～200	5～10	花	适应性较好，喜温暖和喜湿润排水良好的沙质壤土	播种、扦插
黄槐	*Cassia surattensis*	豆科 决明属	中国 有分布	300～500	8～11	花	花期长，喜温暖和喜湿润排水良好的沙质壤土，不耐寒	播种、扦插
四季桂花	*Osmanthus fragrans* 'Semperflorens'	木樨科 木樨属	中国	300～800	5～9	花	耐寒较差，喜温暖和喜湿润排水良好的沙质壤土，	播种、扦插
合欢	*Albizzia julibrissin*	豆科 合欢属	中国 有分布	800～1600	6～8	花	适应性较好，喜温暖和喜湿润排水良好的沙质壤土	播种、扦插
紫玉兰	*Magnolia liliflora*	木兰科 木兰属	中国	长达10m	3～4、8	花	适应性较好，喜温暖和喜湿润排水良好的沙质壤土	扦插

附表3 28种食用花卉

品 种	学 名	科属名称	原产及分布地	株 高（cm）	花 期（月份）	食用部位	主 要 习 性	主要繁殖方法
紫苏	*Perilla frutescens* var.*crispa*	唇形科 紫苏属	中国、印度和缅甸	50～150	6～10	叶	适应性广，生长快，耐修剪，自播繁衍能力强	播种或自播
裂叶荆芥	*Schizonepeta tenuifolia*	唇形科 裂叶荆芥属	中国	50～100	6～8	叶	适应性广，生长快，耐修剪，自播繁衍能力强	播种或自播
尾穗苋	*Amaranthus caudatus*	苋科 苋属	在中国有野生分布	80～120	5～11	叶、种子	适应性广，耐修剪，生长快，自播繁衍能力强	播种或自播
红蓼	*Polygonum orientale*	蓼科 蓼属	中国	150～200	7～11	穗	适应性广，生长快，自播繁衍能力强	播种或自播
甘野菊	*Dendranthema lavandulifolium* var.*seticuspe*	菊科 菊属	中国	30～120	7～9	花	适应性广，耐修剪，抗逆性强	扦插、分株
黄芩	*Scutellaria baicalensis*	唇形科 黄芩属	中国	40～80	6～10	根	适应性广，耐修剪，抗逆性强	播种
红果蓖麻	*Ricinus communis*	大戟科 蓖麻属	非洲	150～250	花6～8 果7～10	种子	生长快，自播繁衍能力强	播种
韭菜	*Allium tuberosum*	百合科 葱属	亚洲东部	25～80	7～9	叶、花	适应性广，耐修剪，生长快	播种、分株
观赏椒	*Capsicum frutescens*	茄科 辣椒属	美洲	20～50	果5～10	果	喜温暖和喜湿润排水良好的沙质壤土，不耐寒	播种
观赏谷子	*Setaria italica hybrida*	禾本科 狗尾草属	广布世界各地	100～200	果6～10	种子	生长快，喜温暖和喜湿润排水良好的沙质壤土，不耐寒	播种
美国薄荷	*Monarda didyma*	唇形科 薄荷属	北美	80～100	6～10	叶	生长快，耐修剪，自播繁衍能力强	播种、分株
红花烟草	*Nicotiana x sanderae*	茄科 烟草属	南美	60～100	6～8	叶	生长快，喜温暖和喜湿润排水良好的沙质壤土，不耐寒	播种
紫甘蔗	*Erianthus rufipilus*	禾本科 甘蔗属	南美	200～400	果9～次年4	茎	生长快，喜温暖和喜湿润排水良好的沙质壤土，不耐寒	分茎
金叶薯（紫叶薯、花叶薯）	*Ipomea batatas* 'Aurea' (*Ipomea batatas* 'Purparea') (*Ipomea batatas* 'Variegata')	旋花科 甘薯属	美洲中部	80～150	12～次年2	茎、叶	生长快，耐修剪，喜温暖和喜湿润排水良好的沙质壤土，不耐寒	扦插、分块根

续附表3　28种食用花卉

品　种	学　名	科属名称	原产及分布地	株高 (cm)	花期 (月份)	食用部位	主要习性	主要繁殖方法
四季桂	*Osmanthus fragrans* 'Semperflorens'	木樨科 木樨属	中国	300～800	5～9	花	喜光也稍耐阴，喜温暖和喜湿润排水良好的沙质壤土	扦插、播种
紫玉兰	*Magnolia liliflora*	木兰科 木兰属	中国	长达10m	3～4和8	花	适应性较好，喜温暖和喜湿润排水良好的沙质壤土	扦插
栾树	*Koelreuteria paniculata*	无患子科 栾树属	中国	500～1200	6～8	嫩叶	适应性广，抗逆性极强	扦插、播种
荆条	*Vitex negundo* var.*heterophylla*	马鞭草科 牡荆属	中国	100～300	7～8	花	生长快，耐修剪，自播繁衍能力强，抗逆性极强	扦插
四季玫瑰	*Rosa rugosa*	蔷薇科 蔷薇属	中国	100～150	5～10	花	花期长，耐修剪，抗逆性极强，耐寒性较差	扦插
欧李	*Prunus humilis*	蔷微科 樱桃属	中国	80～150	花4 果7～8	果	耐修剪，抗逆性极强	扦插、播种
金银花	*Lonicera japonica*	忍冬科 忍冬属	中国	长达6m	6～8	花	生长快，缠绕爬蔓能力强，抗逆性极强	扦插
慈姑	*Sagittaria trifolia*	泽泻科 慈姑属	中国	60～120	7～9	块根	适应性广，自生繁衍能力强，宜在潮湿或水中生长	分株
茭白	*Zizania latifolia*	禾本科 菰属	中国	100～200	花果期 7～9	茎	适应性广，自生繁衍能力强，宜在潮湿或水中生长	分株
荷花	*Nelumbo nucifera*	睡莲科 莲属	中国	60～150	6～9	茎、种子	适应性广，自播繁衍能力强，宜在潮湿或水中生长	分株
睡莲	*Nymphaea tetragona*	睡莲科 睡莲属	中国有分布	浮水面	5～9	花、茎	适应性广，自生繁衍能力强，宜在水中生长	分株
芡实	*Euryale ferox*	睡莲科 芡实属	中国及印度	浮水面	花7～9 果8～10	种子	适应性广，自播繁衍能力强，宜在水中生长	播种
芋头	*Colocasia esculenta*	天南星科 芋属	中国	50～100	6～10	块茎	宜在湿地或旱地生长，不耐寒	分块茎
水蓼	*Polygonum hydropiper*	蓼科 蓼属	中国	60～100	花7～9 穗8～11	穗	适应性广，宜在湿地或旱地生长，自播繁衍能力强	播种、分株

附表4　9种饲用花卉

品　种	学　名	科属名称	原产及分布地	株高（cm）	花　期（月份）	饲用部位	主要习性	主要繁殖方法
直立黄耆	*Astragalus adsurgens*	豆科 黄耆属	中国	20～60	6～8	全草	适应性广，耐修剪，抗逆性强	播种、分株
歪头菜	*Vicia unijuga*	豆科 野豌豆属	中国	30～80	6～8	全草	适应性广，耐修剪，抗逆性强	播种、扦插
胡枝子	*Lespedeza bicolor*	豆科 胡枝子属	中国	100～200	7－8	全草	适应性广，耐修剪，抗逆性强	播种、扦插
东北婆婆纳	*Veronica rotunda* var.*subintegra*	玄参科 婆婆纳属	中国	50～100	6～10	全草	适应性广，耐修剪，抗逆性强	播种、扦插
小冠花	*Coronilla varia*	豆科 小冠花属	欧洲及亚洲西部	30～90	6～8	全草	适应性广，耐修剪，抗逆性强	播种
金叶薯（紫叶薯、花叶薯）	*Ipomea batatas* 'Aurea' (*Ipomea batatas* 'Purparea') (*Ipomea batatas* 'Variegata')	旋花科 甘薯属	美洲中部	80～150	12～2	全草	生长快，耐修剪，喜温暖和喜湿润排水良好的沙质壤土，不耐寒	扦插、分块根
荇菜	*Nymphoides peltatum*	龙胆科 莕菜属	中国	浮水面	7～9	全草	适应性广，自播繁衍能力强，宜在水中生长	分株
凤眼莲	*Eichhornia crassipes*	雨久花科 凤眼莲属	南美	25～40	6～9	全草	适应性广，自播繁衍能力强，宜在潮湿或水中生长	分株
茭白	*Zizania latifolia*	禾本科 菰属	中国	100～200	花果期 7～9	全草	适应性广，自生繁衍能力强，宜在潮湿或水中生长	分株

附表5 8种芳香花卉

品种	学名	科属名称	原产及分布地	株高（cm）	花期（月份）	观赏部位	主要习性	主要繁殖方法
四季玫瑰	*Rosa rugosa*	蔷薇科蔷薇属	中国	100～150	5～10	花	花期长，适应性广，耐修剪，抗逆性强	扦播
月季 ①月08等藤本月季 ②菲扇等大花月季 ③橘红潮等丰花月季	*Rosa chinesis* *Climbing Rosees* *Floribunda Roses* *Grandiflora Roses*	蔷薇科蔷薇属	中国	150～300 40～100 30～80	5～11	花	花期长，适应性广，耐修剪，喜温暖和喜湿润排水良好的沙质壤土	扦播
晚香玉	*Polianthes tuberosa*	石蒜科晚香玉属	墨西哥及南美洲	80～120	7～10	花	花期长，喜温暖和喜湿润排水良好的沙质壤土	种球
金银花	*Lonicera japonica*	忍冬科忍冬属	中国	长达6m	6～8	花	花期长，适应性广，生长快，缠绕爬蔓能力强，抗逆性强	扦播
毛蕊花	*Verbascum thapsus*	玄参科毛蕊花属	中国	80～100	5～11	花	生长快，耐修剪，自播繁衍能力强，抗逆性强	播种、分株
千叶蓍	*Achillea millefolium*	菊科蓍属	中国有分布	40～80	6～8	花	适应性广，喜温暖和喜湿润排水良好的沙质壤土	播种
柱花醉鱼草	*Buddleja chlindrostachya*	马钱科醉鱼草属	中国	100～200	7～12	花	花期长，适应性广，耐修剪，抗逆性强	播种、扦播
大叶醉鱼草	*Buddleja davidii*	马钱科醉鱼草属	中国	100～200	7～11	花	花期长，适应性广，耐修剪，抗逆性强	播种、扦播

图书在版编目（CIP）数据

夏季花卉/李春玲，张军民，刘兰英编．—北京：中国农业大学出版社，2007.7

ISBN 978-7-81117-247-8

Ⅰ．夏…　Ⅱ．①李…　②张…　③刘…　Ⅲ．花卉—观赏园艺　Ⅳ．S68

中国版本图书馆CIP数据核字（2007）第113857号

书　　名	夏季花卉		
作　　者	李春玲　张军民　刘兰英　编		
策划编辑	汪春林　刘　军	**责任校对**	陈　莹　王晓凤
封面设计	北京博雅思企划有限公司		
出版发行	中国农业大学出版社		
社　　址	北京市海淀区圆明园西路2号	**邮政编码**	100094
电　　话	发行部 010-62731190, 2620		读者服务部 010-62732336
	编辑部 010-62732617, 2618		出　版　部 010-62733440
网　　址	http://www.cau.edu.cn/caup		e-mail cbsszs@cud.edu.cn
经　　销	新华书店		
印　　刷	北京地大彩印厂		
版　　次	2007年7月第1版　2007年7月第1次印刷		
规　　格	889×1 194　16开本　11.5印张　322千字		
定　　价	60.00元		

图书如有质量问题本社发行部负责调换